U0305515

钱宾四先生
学术文化讲座

中国古代科学

李约瑟 著　　李彦 译

中華書局

图书在版编目(CIP)数据

中国古代科学/李约瑟著;李彦译. —北京:中华书局,2017.1
(钱宾四先生学术文化讲座)
ISBN 978-7-101-12132-2

Ⅰ.中… Ⅱ.①李…②李… Ⅲ.自然科学史-中国-古代
Ⅳ.N092

中国版本图书馆 CIP 数据核字(2016)第 218277 号

书　　名 中国古代科学
著　　者 李约瑟
译　　者 李　彦
丛 书 名 钱宾四先生学术文化讲座
责任编辑 李洪超
出版发行 中华书局
(北京市丰台区太平桥西里 38 号　100073)
http://www.zhbc.com.cn
E-mail:zhbc@zhbc.com.cn
印　　刷 北京新华印刷有限公司
版　　次 2017 年 1 月北京第 1 版
2017 年 1 月北京第 1 次印刷
规　　格 开本/889×1194 毫米　1/32
印张 6⅝　字数 115 千字
印　　数 1-6000 册
国际书号 ISBN 978-7-101-12132-2
定　　价 36.00 元

图书策划:活字文化

总　序

金耀基

今年是香港中文大学新亚书院创校六十周年，新亚书院之出现于海隅香江，实是中国文化一大因缘之事。六十年前，几个流亡的读书人，有感于中国文化风雨飘摇，不绝如缕，遂有承继中华传统、发扬中国文化之大愿，缘此而有新亚书院之诞生。老师宿儒虽颠沛困顿而著述不停，师生相濡以沫，弦歌不辍而文风蔚然，新亚卒成为海内外中国文化之重镇。1963年，香港中文大学（下简称“中文大学”或“中大”）成立，新亚与崇基、联合成为中大三成员书院。中文大学以“结合传统与现代，融会中国与西方”为愿景。新亚为中国文化立命的事业，因而有了一更坚强的制度性基础。1977年，我有缘出任新亚书院院长，总觉新亚未来之发展，途有多趋，但归根结底，总以激扬学术风气、树立文化风格为首要。因此，我与新亚同仁决意推动一些长期性的学术文化计划，其中以设立与中国文化特别有关之“学术讲座”为重要目标。我对新亚的学术讲座提出了如下的构想：

> “新亚学术讲座”拟设为一永久之制度。此讲座由“新亚学术基金”专款设立，每年用其孳息邀请中外杰出学人来院作一系列之公开演讲，为期两周至一个月，年复一年，赓续无断，与新亚同寿。“学术讲座”主要之意义有四：在此“讲座”制度下，每年有杰出之学人川流来书院讲学，不但可扩大同学之视野，本院同仁亦得与世界各地学人切磋学问，析理辩难，交流无碍，以发扬学术之世界精神。此其一。讲座之讲者固为学有专精之学人，但讲座之论题则尽量求其契扣关乎学术文化、社会、人生根源之大问题，超越专业学科之狭隘界限，深入浅出。此不但可触引广泛之回应，更可丰富新亚通识教育之内涵。此其二。讲座采公开演讲方式，对外界开放。我（个人）相信大学应与现实世界保有一距离，以维护大学追求真理之客观精神，但距离非隔离，学术亦正用以济世。讲座之向外开放，要在增加大学与社会之联系与感通。此其三。讲座之系列演讲，当予以整理出版，以广流传，并尽可能以中英文出版，盖所以沟通中西文化，增加中外学人意见之交流也。此其四。

新亚书院第一个成立的学术讲座是“钱宾四先生学术

文化讲座”。此讲座以钱宾四先生命名，其理甚明。钱穆宾四先生为新亚书院创办人，一也。宾四先生为成就卓越之学人，二也。新亚对宾四先生创校之功德及学术之贡献，实有最深之感念也。1978年，讲座成立，我们即邀请讲座以他命名的宾四先生为第一次讲座之讲者。八十三岁之龄的钱先生缘于对新亚之深情，慨然允诺。他还称许新亚之设立学术讲座，是“一伟大之构想”，认为此一讲座“按期有人来赓续此讲座，焉知不蔚成巨观，乃与新亚同跻于日新又新，而有其无量之前途”。翌年，钱先生虽困于黄斑变性症眼疾，不良于行，然仍践诺不改，在夫人胡美琦女士陪同下，自台湾越洋来港，重踏上阔别多年的新亚讲堂。先生开讲的第一日，慕其人乐其道者，蜂拥而至，学生、校友、香港市民千余人，成为一时之文化盛会。在院长任内，我有幸逐年亲迎英国剑桥大学的李约瑟博士、日本京都大学的小川环树教授、美国哥伦比亚大学的狄百瑞教授和中国北京大学的朱光潜先生，这几位在中国文化研究上有世界声誉的学人的演讲，在新亚，在中大，在香港，都是一次次文化的盛宴。1985年，我卸下院长职责，利用大学给我的长假，到德国海德堡做访问教授，远行之前，职责所在，我还是用了一些笔墨劝动了美国哈佛大学的杨联陞教授来新亚做八五年度讲座的讲者。这位自嘲为“杂家”、被汉学界奉为“宗匠”的史学家，在新亚先后三次演讲中，对中国文化中“报”、“保”、“包”三个关键词作了渊渊入微的精彩阐析，从我的继任林聪标院长信中知道杨先生的一系列演讲固然圆满成功，而许多活动，更是多彩多姿。联陞先生给我的信中，也表示他与夫人的香港之行十分愉快，还嘱我为他的讲演集写一跋。这可说是我个人与“钱宾四先生学术文化讲座”画上了愉快的句点。此后，林聪标院长、梁秉中院长和现任的黄乃正院长，都亲力亲为，年复一年，把这个讲座办得有声有色。自杨联陞教授之后，赓续来新亚的讲座讲者有余英时、刘广京、杜维明、许倬云、严耕望、墨子刻、张灏、汤一介、孟旦、方闻、刘述先、王蒙、柳存仁、安乐哲、屈志仁诸位先生。看到这许多来自世界各地的杰出学者，不禁使人相信，东海、南海、西海、北海，莫不有对中国文化抱持与新亚同一情志者。新亚“钱宾四先生学术文化讲座”的许多讲者，他们一生都在从事发扬中国文化的事业，或者用李约瑟博士的话，他们是向同代人和后代人为中国文化做“布道”的工作。李约瑟博士说：“假若何时我们像律师辩护一样有倾向性地写作，或者何时过于强调中国文化贡献，那就是在刻意找回平衡，以弥补以往极端否定它的这种过失。我们力图挽回长期以来的不公与误解。”的确，百年来，中国文化屡屡受到不公的对待，甚焉者，如在“文化大革命”中，中国传统的文化价值，且遭到“极端否定”的命运。正因此，新亚的钱宾四先生，终其生，志力所在，都在为中国文化招魂，为往圣继绝学，而“钱宾四先生学术文化讲座”

之设立，亦正是希望通过讲座讲者之积学专识，从不同领域，不同层面，对中国文化阐析发挥，以彰显中国文化千门万户之丰貌。

“钱宾四先生学术文化讲座”讲者的演讲，自首讲以来，凡有书稿者，悉由香港中文大学出版社印行单行本，如有中、英文书稿者，则由中文大学出版社与其他出版社，如哈佛大学出版社、哥伦比亚大学出版社，联同出版。三十年来，已陆续出版了不少本讲演集，也累积了许多声誉。日前，中文大学出版社社长甘琦女士向我表示，讲座的有些书，早已绝版，欲求者已不可得，故出版社有意把“讲座”的一个个单行本，以丛书形式再版问世，如此则搜集方便，影响亦会扩大，并盼我为丛书作一总序。我很赞赏甘社长这个想法，更思及“讲座”与我的一段缘分，遂欣然从命。而我写此序之时，顿觉时光倒流，重回到七八十年代的新亚，我不禁忆起当年接迎“钱宾四先生学术文化讲座”的几位前辈先生，而今狄百瑞教授垂垂老矣，已是西方新儒学的鲁殿灵光。钱宾四、李约瑟、小川环树、朱光潜诸先生则都已离世仙去，但我不能忘记他们的讲堂风采，不能忘记他们对中国文化的温情与敬意。他们的讲演集都已成为新亚书院传世的文化财产了。

二〇〇九年六月二十二日

目 录

序　言

李约瑟的巨著《中国科学技术史》（*Science and Civilisation in China*），把我国古代科学发展的事实介绍到西方社会。我国的古老文化给人的印象，免不了守旧、远离科学的落后形象，否则便没有八十年前五四运动呼唤“德先生”和“赛先生”。经李约瑟的考据、研究，他用西方学者研究历史的观点和治学方法，发掘出我国古代文明中科学的发明。他对中国文化有深厚认识，把考据和著作带进了一个外国学者不容易抵达的深度。我们习惯阅读的历史史实，是对发生过的活动的详细描述，李约瑟则同时细说当时社会环境、文化气候、邻邦的影响等。

本书属于李约瑟研究中国科学技术史的后期著作，原稿出自他荣任新亚书院第二届“钱宾四先生学术文化讲座”访问教授期间的演讲，精简地介绍了他研究中国传统医学的心得。医学既属于科学的一部分，李约瑟自然须把我国的科技发展历史先作一个简单的论述。第一章“导论”，属于李先生《中国科学技术史》已出版的部分著作选论，提出了我国科技发明、发展先进，而结果未有循西方科学进展的轨迹的重要观察。传统医学是否享有同等的命运呢？中国人虽在各科学领域中享有卓越的成就，但未能汇入当代科学的海洋之中，传统医学似亦相同。

中国医学的萌芽，与炼丹制药分不开。而我国火药的发明和火器的应用，正是促进炼丹房建立的决定性因素。在墨子时代，已有使用火器的记载。到九世纪，火药的应用已臻完善。西方化学被认为源于炼丹术，范围在个人使用、化学制作，以至出产贵重金属。我国的炼丹术热衷于长寿法，从很早期开始，传统医学的重点便在延年益寿、预防疾病。

针灸术始自公元前一千年的周朝，属于最古老的传统治疗方法。李约瑟考证出针刺治疗的理论和实践的成熟期要到中世纪时代：从镇痛的应用，以至其他治疗领域。他从典籍中有关针刺治疗的记载开始考据，使用西方科学的推论方法，支持针灸术确有其实践理论和客观成绩，反驳了针灸术属于心理治疗的指控。李约瑟并非医者，他只能用生理学家的观点去分析，缺乏医者的临床意识。然而，就因为他并非医者，得以避开医者依靠科学的执着，较宏观地分析传统疗法。李约瑟预测，针刺之后产生的生物化学、免疫系统的变化，最终将要显现。

正当中医药地位在香港获得承认，当局又谋求发展中药制作出产，把中药纳入经济建设范围之际，李约瑟有关中医药的研究著作，正好为学术界提供适当的文化理据，作为从事中医药研究、服务或贸易的基础。中西两个相差甚远的文化系统之中，包含了不同取向的两种医学，现代人既不适宜盲目结合相加；相反，若采取敌视、敌对的狭窄态度，亦错失包容兼顾、互补不足的大好机会。在世纪相交的岁月之中，我们感谢李约瑟送给我们这份珍贵的礼物。

香港中文大学
新亚书院院长
梁秉中教授
1999年5月25日

前　言

本书中各篇文章是我在香港中文大学新亚书院举办的第二届“钱宾四先生学术文化讲座”讲演的原稿。对那次访问中的点点滴滴，我依然记忆犹新：诸如学术同仁的盛情款待，学生们的聪慧与求知热情，沙田校园内外与众不同的美景，以及如此切实地体会一座不凡的中国城市给我带来无时不在的震撼，都让我难以忘怀。我期待这些讲稿中揭示的史实能够帮助东西方读者更公允地评价中国文化领域中科学、技术与医学在人类历史上的地位。

四十三年前，我开始致力于研究中国的语言和文化，当时我并不了解自己的研究是否有用。如今《中国科学技术史》丛书的许多卷册已经出版，但仍有更多作品尚未完稿，有待出版。我们把这些稿件分为“天上”与“地上”两部分。前者即原创方案，是我们认真而愉快地漫步于科学领域时制定的整体性方案。当时无法判定的是，针对不同科学形式，即纯科学与应用科学，应当分别投入多大力量；正因如此，某些“天上”的书籍才有必要分成几大类出版。它们实际上都是“地上”的有形书籍。如今已有十一册作品或已付梓，或行将出版，余下还有八九册尚未完工（编者按：迄今该丛书已出版了七大卷共二十五册）。我已是八十一岁的人了，如果可以干到九十岁，我将至少有半数机会亲眼目睹这条巨轮驶入终点港湾。我很高兴地告诉大家，今后即将出版的许多卷册现已草成，只是仍有许多地方需要编辑、润色。除此以外，我们在世界各地拥有二十多位合作者，他们共同努力取得的成就远非一两个人可以媲美。

在此我必须说明，没有中国朋友们的鼎力合作，我们将无法取得任何进展。在我看来，无论中国人或是西方人，都无法单独完成这项事业——其专业知识与技能要求实在过于巨大。因此我要纪念以下这些人士：头一位是我的中国老朋友鲁桂珍（按：1992 年辞世），她在剑桥大学东亚科学史图书馆任副馆长；第二位是我的第一位合作者王静宁先生（按：1994 年辞世），在冈维尔凯斯学院（Gonville and Caius College）那间狭小的工作室里，他与我共同工作了九个春秋。此外还有许多人的名字应当提及，如先后在新加坡、吉隆坡、布里斯班和香港工作过的何丙郁先生，加利福尼亚的罗荣邦先生，纽约的黄仁宇先生，芝加哥的钱存训先生，以及最近加入的屈志仁先生，他主要研究陶瓷工艺部分。我无法一一列举每个人的名字，其中也并非全是中国人。欧洲合作者中我想提一下曾在牛津和砂拉越（Sarawak）待过的乐品淳（Kenneth Robinson）先生，波兰的雅努什·赫米耶莱夫斯基（Janusz Chmielewski）先生，以及法国的梅泰理（Georges Métailié）先生。此外大西洋彼岸还有在费城工作的席文（Nathan Sivin）先生，哈佛的叶山（Robin Yates）先生，以及多伦多的厄休拉·富兰克林（Ursula Franklin）女士。就如实际情况所示，我们构成了一个引人注目的跨国群体，事实本身已然预示着我们将拥有美好的前景。因为无论还有其他什么工作要做，这项事业都应当无可置疑地视作增进各民族相互了解的尝试，因而也成为通向世界和平友好之途的重要阶梯。

回首四十年前，那时我在联合国教科文组织工作，习惯晚上沐浴时阅读《左传》。当时只有古典作品可供研究，这一情景让我铭记至今。通过这种阅读，我牢牢记住了上一个世纪和本世纪上半叶那些伟大的汉学家们的著作，诸如沙畹（Édouard Émmannuel Chavannes）、顾赛芬（Séraphin Couvreur）、伯希和（Paul Pelliot）、夏德（Friedrich Hirth）、福兰阁（Otto Franke）、翟理斯（H. A. Giles）等人。与今天相比，那时学者所著的译本为数太少了。那时我们把所有这类书籍都搜集起来，汇入图书馆。可是看看今天，差别何其巨大啊！我们的新书架在各种各样的论文与专著的重负下呻吟不绝，如宋代水利工程研究、从汉朝到明朝的造船技术研究、古代中国的医学伦理等等，不一而足。我认为除非我们的确只是推动西方人更全面研究中国文化的历史运动中的一部分，否则就以促进了有价值的作品得以流通而言，我们自己也称得上有功之臣。然而中国在革命之后，国内研究也呈现出一派百花齐放的繁荣景象。西方考古学家们抱怨说，中国的考古学报告雪片般纷至沓来，把他们都埋在报告堆里了。有关科学史、技术史和医学史等各方面的书籍纷纷出版，书中确有种种重大发现。回首往昔，我们曾是这一伟大潮流中的一部分，或许还是先锋力量，为此我非常快乐。

最近，英国杰出的历史学刊物《过去与现在》（*Past and Present*）的编辑们为我们的作品组织了一期专刊。他们言道，为寻找投稿人而大费周章，因为西方世界里在中文和科学史两方面都有造诣的专家几乎无不参加了我们这个群体；事实上他们的确从中发掘出笔力不凡的写作人，如伊懋可（Mark Elvin）、裴德生（Willard Peterson）、李倍始（Ulrich Libbrecht），以及古克礼（Christopher Cullen）。就如学刊主席所说，人们对这期专刊的评价褒贬不一。不过，我还是对某些半苦半甜的评论兴致极高。例如，有人把汤因比（Arnold Joseph Toynbee）和弗雷泽（James George Frazer）做了一番比较，暗示有迹象表明我们的陈述中已经悄无声息地潜入了某种主观意识成分。无论如何，我乐于接受这一评价，因为我认为无论谁在进行如此浩繁的跨文化研究工作时，都会自然地将自己的信仰体系投射于其中，这是他向同代人和后人布道的机会（我有意选用“布道”这个说法）。假若何时我们像律师辩护一样有倾向性地写作，或者何时过于强调中国文化贡献，那就是在刻意找回平衡，以弥补以往极端否定它的这种过失。我们力图挽回长期以来的不公与误解。

在《中国科学技术史》全书某一册的前言里，我们留下了这样的句子，如今读来仍然觉得有趣。“实质上，一段时间以前”，我们谈道，“一位并非全然敌视这套珍贵书籍的评论家这样写道：该书根本上依据不足，原因如下。该书作者坚信（1）人类社会的进步令人类对自然界逐渐增进了解，并渐渐提高了对外部世界的控制能力；（2）这一科学具有终极价值，随着将它付诸实际应用，构成了各民族文明的统一体，不同文明对人类社会的贡献是相当的……在这个统一体中有如江河之水源源不绝、奔流入海；（3）伴随这一前进历程，人类社会正逐渐演变成更为宏大的统一体、更为复杂的事物、更为不凡的组织。”所有这些反面评价的根据，我们都视作自家论点，如果我们也有一扇过去的维登堡那样的大门的话，我们一定会毫不迟疑地把这些话钉在门上。如今我可以坦言，这位评论家就是已故的芮沃寿（Arthur Wright）先生。他确实堪称诤友，只是他崇信佛教的超脱凡尘，对政治态度悲观，这使得他在世界观方面与我们大相径庭。

总而言之，这套丛书本质上是一次次最为激动人心的探索。我们从未奢求使它成为任何学科的“盖棺定论”，因为在工艺领域，这种断语绝无可能，即使今天依然如此。然而搜寻工作依旧时时动人心弦——认可某些思想意识；在陌生的术语下发现始料未及、本应预先考虑的事物；迎来意想不到的先驱，并对他们的作品大感钦佩；以及理解以往从未揭示的发明和技艺。这一切都那么令人激动。人们会借用《道德经》上的话说，“大道废”时，对“能”与“不能”的评价便会无处不在。那时“声”与“希声”的差别也就显而易见了。让我们在下几个世纪到来之前完成这一终极的平衡吧。我们所知的是，我们已然在科学、技术和医学领域幸会中国过去二十五个世纪以来的兄弟姐妹，尽管永远无法与他们交谈，我们还是可以时常读到他们的文字，并寻求契机回馈应予的荣誉。

李约瑟

1981 年 1 月 21 日

第一章　导　论

对生物化学的热衷

我同意在今晚和大家谈一谈历史事件中的某些相当奇妙的前因后果，由于发生了这些事件，我们最终出版了《中国科学技术史》丛书。为此我们必须回溯到第一次世界大战末期，当时我来到剑桥大学的冈维尔凯斯学院，四十七年后，我成为这片知识发祥地的院长。我父亲是位医生，并且是早期的麻醉术专家之一，因此我注定该研究医学；然而，最初入门的那几年听了“霍皮”（Hoppy）——也就是英国功绩勋章获得者、英国皇家学会会士弗雷德里克·高兰德·霍普金斯爵士（Sir Frederick Gowland Hopkins）[1]—— 一番超凡入圣的讲演之后，我已然身在曹营心在汉了。我们就如铁屑吸附在磁石上一般，在他的指导下成为生物化学家。可以说，“霍皮”就是我们的生物化学之父。此外只有查尔斯·辛格（Charles Singer）[2]

能让我产生同样的感受，而他或许堪称 20 世纪上半叶英国最伟大的科学史家。

于是在霍皮的指导下，我成为了生物化学家，对有机合成兴致盎然；然后我发现孵化过程中的鸡蛋绝不逊于一家出色的化工厂，它在孵化的三个星期中可以合成相当多的产品。然而，追寻胚胎发育过程中类似于环已六醇或者抗坏血酸之类的物质的形成是一回事，面对胚胎从原始受精卵细胞发育而来的形态构成问题则是另一回事。恰恰由此，我开始沉溺于哲学问题的思考。就在这一年，《化学胚胎学》(*Chemical Embryology*) 一书问世了，书中第一部分实验显示：两栖动物胚胎内部的初期诱导[①] 中心在沸腾状态下保持不变。这一关于被我称为“形态发生激素”(morphogenetic hormones) 的研究，十年之后我据此出版了另一部著作《生物化学与形态发生》(*Biochemistry and Morphogenesis*)。

由科学实践到科学史研究

故此从某种意义上说，我自身就是历史传奇的一部分，几乎可算是一部历史剧目中的一个角色了。十分凑巧的是，我从学生时代就热衷于历史，仅仅投身于实验科学

① 译注：诱导 (induction) 乃生物学术语，指胚胎早期发育过程中一组织对邻近组织的影响。

从未令我感到满足，于是，我萌发了这样的念头：必须为《化学胚胎学》作一篇长序，详细介绍胚胎学自创始以来的全部历史，就我所知，应追溯到1800年。就在这一阶段，又是查尔斯·辛格给我以帮助，虽然实际上我从未正式听过他的讲演，但想来还是可以这样说：他堪称我一生中唯一一位真正的科学史教师。我与他私交甚密，从他那里获得了各种各样的有益意见，其中相当多的意见是关于从哪里才能找到素材。多少年来，我习惯于前往康沃尔郡（Cornwall）海滨，在他如图书馆般汗牛充栋的家里坐一坐。这样，我在那时著述的胚胎学史中，对于化学胚胎学领域的几位先驱理所当然地产生了格外的兴趣，例如生于1668年的沃尔特·尼达姆（Walter Needham）[3]，他是我本家前辈，也是英国皇家学会（Royal Society）奠基者之一；又如托马斯·布朗爵士（Sir Thomas Browne）[4]，17世纪时他在诺里奇市（Norwich）的实验室里试图利用当时的化学方法探究蛋黄与蛋白的奥妙。因此，历史与科学一直在我心中争执不休，我无法决定究竟该把大部分时间放在哪一方面，直到1937年，新的诱因出现，这番矛盾才告结束。我还应该补充的是，对艺术与宗教的思考也一直令我难以取舍，只是这对问题从未如此突出罢了。

我提到的新的诱因，是指那一年几位年轻的中国研究生来到剑桥的事，他们是来进修博士学位的。应当说，这几位朋友的作用集中体现在鲁桂珍女士身上，四十二年后的今天，她成为我主要的合作者，并担任我们的图书馆副馆长。他们对我的影响主要有两方面：其一，他们激励我学习他们的语言；其二，他们提出了这样一个问题——为何近代科学只在欧洲起源？

谈到语言问题，一个众所周知的事实是：偶尔西方人见到炫目的光亮也会晕倒，正如圣保罗曾因此倒在通向大马士革的路上，如今他们突然感到学习汉语这种语言，同时学习其卓越文字的必要性。这或许并不令人惊讶，但它在思想领域产生的效果确实值得关注，因为我发现，愈是深刻了解这些中国来的朋友，我就愈发感到他们的思维与我相仿，当然我所指的是在智力程度方面。一个尖锐的问题由此而生：为什么近代科学、伽利略时代的“新哲学”或称“实验哲学”只产生于欧洲文化，而非中国文化或是印度文化中呢？

研究中国科技史的萌芽

多年以后，当我对相关问题有了更多了解时，我才意识到第一个问题背后还潜藏着另一个问题，即：早在欧洲科学革命之前大约十四个世纪，中国文明就已致力于探索自然界的众多奥秘，并利用自然常识服务于人类生活，其成果远远高于欧洲文明。这是如何可能的呢？

不过若非命运驱使我在“二战”期间来到重庆担任英

国驻华大使馆科学顾问之职，这棵“痘苗”将永远也发不起来（就像疫苗种得不成功一样），在此问题上我将不会有任何收获。待在中国的四个年头在我的命运之途刻上了标记。此后，我脑海中只想着编写一部有关中国科学、技术与医学史的书，而这在任何一门西方语言中都从未出现过。我说的是“一部书”，最初构思时也确实只考虑出版一本薄薄的单行本，然而随着历史画卷徐徐展开，此事注定要有所不同。我们冒冒失失地着手工作，匆匆浏览了科学的各个领域后，将全套书分为七卷，并依据这一格局收集资料；然而工作之艰难、原始数据之浩繁意味着，实际上每一分卷又须再分为几大部分，于是最终这套著作总数很可能多达二十册。

甫一入手时，剑桥大学的汉学家朋友们都认定我根本不可能找到任何有趣的东西；他们甚至怀疑中国文化在科学、技术或医学方面是否曾为世界做出过任何贡献。当时剑桥的一位汉语教授，曾经追随过伟大的汉学家夏德（Friedrich Hirth）[5] 的夏伦（Gustave Haloun）[6]，曾满怀渴望地谈到实物问题，并认为理解文本必先了解实物——诸如犁、陶瓷、造纸工具等等——不过实情远不止此。

来到中国之后我才发现，许多科学家、医生和工程师对他们所在学科在中国文化中的发展历史深怀兴趣，这样的人屡见不鲜，他们随时都乐于向我介绍应当购买并研究的最重要的中文书籍。于是一座真正的金矿的大门向我敞开了，那是本该令所有早期汉学家们惊诧的聚宝盆。它的确令我瞠目，或许中国古代学者也与我有同感吧。

广结合作者

战后返回剑桥之时，我已赢得了第一位合作者，来自中研院历史语言研究所的王静宁[7]。二十多年后，他前往澳洲就职某研究工作，我又说服了交情最久的朋友鲁桂珍离开联合国教科文组织，和我一同加紧工作。假如我们人人都能活到一百五十岁，那么人人都有希望独立完成这一伟业；然而正因为不可能，于是我们吸纳了许多合作者，他们分布在世界各地，迄今已有二十多人。在此我只能提及其中几位：加利福尼亚的罗荣邦[8]，芝加哥的钱存训[9]，多伦多的厄休拉·富兰克林（Ursula Franklin）[10]，纽约的黄仁宇[11]，布里斯班的何丙郁[12]，以及与我们相距不远的屈志仁[13]等等。或许今生我不能亲眼见到最后一册的校样，但这一伟业的未来必然光明；此外我们还可以预言，剑桥大学鲁宾逊学院（Robinson College）新近开辟的地基上将建起一座新楼，楼内将会照现有规模建成东亚科学史图书馆，因为现有图书馆非常需要新厦，鲁桂珍将成为其中一员，而我将担任受托人。

就某种程度而言，我们是这一领域的先行者。当然就在不久以前，中国与日本也涌现出伟大的数学史家，如李俨[14]、钱宝琮[15]和三上义夫[16]，还有伟大的天文学史家，如利奥波德·索绪尔（Leopold de Saussure）[17]、陈遵妫[18]和竺可桢[19]等。至今还有人极力倡导道教、炼丹术和早期化学，其中如陈国符[20]、王明[21]等人还在世。研究植物学与农业历史的专家也有，如夏纬瑛[22]、石声汉[23]和天野元之助[24]。谈到杰出的医学著述者，人们就会想起李涛[25]与陈邦贤[26]。工程技术史方面的研究相对较少，但胡道静[27]深研沈括[28]的著作《梦溪笔谈》，取得了不朽成就，贝特霍尔德·劳费尔（Berthold Laufer）[29]则在应用科学的许多令人迷醉的领域中占有一席之地。

然而不知出于什么原因，在我们之前没有人感受到这一使命的召唤，或者我应该称之为一种痴迷，即把中国文化历朝历代的科学、技术和医学成就都汇集成册，凡有所知都收入百科全书，而后分时间阶段与其同时代的古欧洲、古伊斯兰、古印度、古波斯等文明取得的成就相对比。只有通过这种比较，才能判断各文明之间是否曾彼此得益、彼此促进或彼此制约，这些都影响到各文明间的交流。例如在《中国科学技术史》第五卷第四部分以及本次系列讲座中稍后部分，我们希望将这样一个事实昭示世人：服用灵丹妙药希求长生不老的想法起源于中国，而且中国是唯一发源地，这一想法首先传入阿拉伯，而后传入拜占庭，最终在罗杰·培根（Roger Bacon）[30]时代才流入法兰克语国家或拉丁语国家，由此奠定了化学医学运动的基础。伟大的帕拉塞尔苏斯（Paracelsus von Hohenheim）[31]早在15世纪末就已断言："炼金术并非用来制造黄金，而是用来制药医病的。"他继承了李少君[32]和葛洪[33]的观念：死亡一事，就算病至极处，还是可以药到病除的。

先驱者的孤立

任何一位先驱者在同辈中都难免陷入孤立无援之境，我们也绝无例外。剑桥的东方学系从未打算与我们多加往来，我认为主要原因在于其成员通常为人文学者、哲学家和语言学家。他们从来没有花费时间了解科学、技术与医学方面的知识，而现在他们也不大可能去开始了解。基于同样的理由，一堵类似的玻璃墙也把我们拒于科学史系门墙之外，这也是够奇怪的了。这是因为通常而言，他们的主要兴趣在于欧洲文艺复兴之后的科学，部分原因则在于他们缺乏获取其他语言的一手文献的途径。他们有时也关注古希腊科学，但对中世纪科学或阿拉伯科学很少垂顾。欧洲以外的科学是他们最不愿听到的，这多少是因为他们强烈的欧洲中心主义观点。他们默认的前提是：既然独树一帜的近代科学只发源于欧洲，那么只需要对欧洲古代与中世纪的科学感兴趣就够了。思想开明的技术史家如林恩·怀特（Lynn White）[34]曾再三向世人揭示这样一个事实，即古代欧洲从古代东方国度受惠良多，东方的发现与发明大大有助于欧洲的发展。尽管诸如他这样的专家作了大量努力，但是大多数西方知识分子却仍怀有那种不合逻辑的观点。

然而这个时代已经赋予我们很高的荣誉了，又何必埋怨太多呢。这些荣誉属于东方学家，来自建于加尔各答的英国皇家亚洲学会（The Royal Asiatic Society），人数之众令人难以置信。科学史家们还为我们的著作戴上了桂冠，那是与诸如列奥纳多·达·芬奇（Leonardo da Vinci）、乔治·萨顿（George Sarton）[35]这样的名字，与德克斯特勋章（Dexter’s Plaque）[36]相提并论的荣誉。

那么，历史编纂工作为何在某些领域进展更为显著呢？这就是编史工作的奥妙之一了。牵涉艺术时，各文明之间存在着不可通约性（incommensurability），故而无法发现当中进步的联系。我认为雕塑家菲狄亚斯（Pheidias）[37]的技艺前无古人、后无来者，难觅敌手。杜甫、白居易是古往今来诗人中的佼佼者；历史上剧作家中无人能与莎士比亚一争高低；然而论及科学、技术与医学，人类的知识与能力的确随着时光的迈进有明显提高。自有人类以来，自然界几乎原形未动，而我们坚信，自古至今，人类对自然界的了解有如史诗般突飞猛进。无庸置疑，张衡[38]肯定比色诺克拉底（Xenocrates）[39]更熟知地震学；定时器方面苏颂[40]必然胜过维特鲁威（Vitruvius）[41]；艾萨克·牛顿（Isaac Newton）的确对自然界洞察千里，但爱因斯坦（Einstein）比他研究得更为深入。因此无论如何我们也无法接受奥斯瓦尔德·斯宾格勒（Oswald Spengler）[42]的观点，他认为各民族文明内部万事俱备，与其他文明毫无关联，就如一株草木，一只动物，或一个人，独立地度过一生那样经历自我的兴衰。这一理论或许适用于艺术风格，但说到宗教与哲学问题时它顶多称得上部分正确，而谈到科学、技术和医学领域就完全不合宜了。在此，我们相信人文学科始终是沿一条纵线向前发展的，而且尽管自然哲学的特定体系往往与某一民族息息相关，因而是不可转译的（这一论题稍后再谈），但是对自然界的真实理解与切实把握还是跨越了重重险阻，在人类头脑中流传下去，终于形成早期英国皇家学会口中的“真正的自然知识”体系。因此自然科学（Naturwissenschaften）在进步，精神科学（Geisteswissenchaften）也在相当程度上参与其中。譬如，证明罗马教令（Roman Decretals）[43]是伪造的文件，确定《赫尔墨斯文集》（*Hermetic Books*）[44]成书的真实年代，以及解决《列子》一书的来源与年代问题，所有这些都堪称真实而永恒的知识进步。因而我们要祝愿：科学蓬勃发展（*Floreat Scientia*）。

中世纪科学

现在，为了比较近代科学与中世纪科学的重大差别，我觉得最好还是给这两个概念下个定义。实际上中世纪科学与其民族外部环境密切相关，对于生活在不同环境中的人而言，要寻求共同的话语基础，即便并非不可能，也仍然是很困难的。例如，假使张衡向维特鲁威大谈阴阳五行，即使双方理解对方的语言，他还是难以深入介绍。不过，这并不是说具有重大社会意义的发明创造永远无法从某一文明传入另一文明；事实上纵贯中世纪历史，确实有不少发明创造得以流传。

当我们说近代科学只在文艺复兴和科学革命的伽利略时代得到发展时，我认为我们指的是唯有欧洲奠定了近代科学的最初根基。比如将数学假设用于描述自然，对于实验方法的理解和运用，对第一性（primary quality）和第二性（secondary quality）的区分，以及对公开出版的科学数据的系统性积累。的确有人说过，在伽利略时代，发现自然最有效的方法在于自然本身。在我看来，这句话依然是正确的。

古代中国的科学成就

然而，在中国科学的滚滚洪流尚未像其他文化河流一样，汇入近代科学的海洋之前，中国人已然见证了多个领域的卓越成就。且以数学为例：黄河流域比世界其他各地更早开始使用十进制，并用空位[②] 表示零，于是出现了十

---

② 译注：此处为数学专用术语。

进制计量法。早在公元前1世纪以前，中国工匠已然运用十进制刻度的游标卡尺（sliding caliper）来检验自己的工作了。在中国数学领域，根深蒂固的始终是代数思维，而非几何概念[45]，宋元时代中国人就已率先找到了方程的解法，因此以布莱士·帕斯卡（Blaise Pascal）[46]的名字命名的三角，1300年时在中国已不是什么新鲜事物了[47]。类似的例子俯拾皆是。被我们称作卡尔达诺悬置（Cardan suspension）的一组相互连接并绕轴旋转的圆环（为纪念吉罗拉莫·卡尔达诺［Jerome Cardan］[48]而得名），其实应当命名为丁缓[49]悬置，因为中国使用这种悬置的时间可比卡尔达诺生活的年代早了整整一千年。至于天文学，我们只需说明，在文艺复兴时期以前没有一位天文学家像中国的天象观测者那样执着而精确。尽管他们并未发展出几何学的行星理论，但他们有着极具启发性的宇宙论，甚至能够运用现代坐标图（而非古希腊坐标图）——标注天体位置，并记录日月蚀、彗星、新星、流星、太阳黑子等等诸如此类的天文现象，直至今日射电天文学家们还在利用这些记录。此外中国人在天文观测仪器方面也取得辉煌成就，发明了包括赤道仪（equatorial mounting）和转仪钟（clock drive）在内的许多仪器。这一进步与当时的中国工程师们的聪明才智密不可分。此前为了证明这一论点，我曾提到过地震仪，因为众所周知，世界上第一台地震仪是由张衡制造的，其年代约可回溯到130年。

中国上古与中古时期，物理学中的三个分支已高度发达，它们分别是：光学、声学与磁学。西方在此方面与中国形成了鲜明对比，相对而言，西方机械学与力学比较先进，但对磁现象却一无所知。不过，中国与欧洲意见分歧最大之处在于连续性与不连续性之争。恰恰因为中国数学更偏向代数而非几何，所以中国物理学也严格恪守原始的波动理论（prototypic wave theory）[50]，长期不肯接受原子理论。毫无疑问，佛教哲学家们不断地努力把吠世史迦（Vaiśeshika）的原子理论引入中国，只是一直无人问津。中国人坚信一切运动都在连续介质中进行，坚信超距作用的存在，以及阴阳如波一般的运动。

中国的周代和汉代与古希腊处于同一时期，这两个朝代或许未曾达到古希腊文明那样的高度，但在后来的千百年里，中国也从未有哪一段时期堪比欧洲的黑暗时代。这一点已然弥足珍贵。地理学与制图学方面的成就可以证明这是事实。中国人对圆盘状的宇宙图景非常了解，但他们从来不为已有的天体图所左右。中国的制图学始于张衡与裴秀[51]，而几乎与此同时，托勒密（Ptolemy）[52]死后不久，他的工作就逐渐淡出了西方人的视线。此外，直至17世纪耶稣会士来华之前，中国人制图时始终使用直角坐标。中国地理学家们在勘测方法与绘制地势图方面的技艺也格外卓越。

中国古代文化遗产中，机械工程领域的辉煌成就数不胜数，事实上整个工程学领域中都可以说成绩斐然。骡马的挽具是一种必不可少的连动装置，而现有的两种有效的挽具都起源于中国。约在1世纪或公元前1世纪，中国与西方几乎同时把水力应用于工业生产，但中国人不是用水力磨麦，而是在冶金时用来拉动风箱。这一做法的意义不仅于此，因为中国钢铁技术的发展堪称一篇名副其实的壮丽史诗，而其后大约度过了十五个世纪，欧洲人才掌握了铁的铸造技术。钟表的机械装置也并不像通常所知那样发源于欧洲文艺复兴早期，而是中国唐代开始的，尽管当时东亚文明以农业为核心。土木工程方面成果也十分卓著，其中包括铁索吊桥，以及史上第一座拱桥（segmental arch bridge），即李春[53]在610年修筑的那一座，最为引人注目。中国的水利工程同样业绩非凡，其目的在于控制河道，保持河流畅通，预防水旱灾害，保障农业灌溉，以及运输官粮等等。

军备技术方面，中国人也展示出骄人的创造才能。9世纪，火药在中国问世了，于是从1000年开始，爆炸型武器逐步取得了蓬勃发展，直至三百年后，西方才了解火药。欧洲出现的第一门大炮始见于手稿记载中1327年的射石炮，该手稿现存于牛津大学图书馆；而早在三个世纪以前，中国已经开始使用这种武器了。如今我们已经知道，上自火药配方，下至利用火药作推动力的铁铸大炮，这一发展中的每一环节都是在中国大地上取得成功之后才流传到阿拉伯或是欧洲大陆的。据我们所知，火枪发明于10世纪中叶，它或许可以算是最具关键意义的发明创造了。它的构造是一枝竹筒，内部装有火箭发射装置，应用于近距离交战。毫无疑问，正是在这种武器基础上才演变出各种火箭、各种筒式枪炮和火炮，无论是用哪种材料构造而成，其原理都是一样的。

军事技术暂放一边，我们来谈一谈民用技术，这又是一个具有重要价值的领域。尤其是丝织技术，中国百姓很早就取得了卓越成就。恐怕正是由于熟练掌握了超长织物纤维的纺织技术，才有了后来几种基本机械的发明，比如先于其他文明发展出了传送带和链条传动装置。我们还可以说，第一次研制出旋转运动与纵向运动相互转换的标准方式[54]与前文曾提到的冶金鼓风机也是密不可分的；欧洲早期的蒸汽机广泛应用了这种运动转换方式。如果有人希望听到更一针见血的说法，那么谈到磁学和指南针的时候，我本该提及早在欧洲人对磁极之说闻所未闻以前，中国人就已经为磁偏角问题大伤脑筋了（为什么磁针总是不能指向正北呢）。

在生物学领域，我们也难以发现任何落后的迹象，因为中国很早以前就有了大量农业发明创造。中国拥有的农业典籍，可以与几乎同时代问世的瓦罗（Varro）[55]和科路美拉（Columella）[56]的罗马农业专著相媲美；历史上也可以找到生物法农作物防护方面的显著例证。不知道有多少人真正了解，首例以虫攻虫，农人获益的例子就出现在中国:《南方草木状》一书大约著于304年，书中记载种植橘林的广东和南方诸省农民每到年中适当时候，就到市集上购买小袋装的特种蚂蚁，再将布袋悬挂在果树上，然后各种螨虫、蜘蛛和其他害虫就都被这些蚂蚁赶尽杀绝了。若非如此，这些害虫就会毁掉橘树收成。【《南方草木状》:“柑乃橘之属，滋味甘美特异者也。……交趾人以席囊贮蚁鬻于市者，其窠如薄絮，囊皆连枝叶，蚁在其中，并窠而卖。蚁赤黄色，大于常蚁。南方柑树若无此蚁，则其实皆为群蠹所伤，无复一完者矣。”】(引用文献的原文为编者所补)事实上，今日中国发生了许多大事，都与生物法农作物保护相关。不久前一位该领域的专家来到剑桥与我们会面，当时我们就从书架上抽出《南方草木状》，向她介绍她的祖先曾做出怎样的贡献。

同样，医学领域的事想在一两分钟内说清辨明也是荒谬的，因为一谈起中国医学史，就不可能只说上一两个小时，而是无数个小时。这一领域激发了历朝历代的中国人的浓厚兴趣，同时，相较于其他领域，将这一领域发展起来的专业人才所遵循的原则要更异于欧洲。我想举这样一个例子即可证明：中国人对矿物药品毫无成见，可是在西方人眼中用它治病却如此触目惊心。中国人毋须用帕拉塞尔苏斯来将他们从盖伦理论(Galenical slumbers)中唤醒，因为他们从未沉睡于其间；换言之，自古以来的本草(关于药学的博物志)中就已记载了矿物、动物以及植物药品的疗法。欧洲从未有过类似记录，因为盖伦（Galen）[57]格外重视的是植物药品，故此人们对使用矿物或是动物治疗深感恐惧。当然还应该谈及针灸的发展，本次系列讲座中稍后将专门讨论这一话题。

中国与欧洲的思想差异

现在我将深入讨论中国与欧洲之间的天渊之别，我很想强调说明：中国哲学本源属于有机唯物主义哲学。从每个时代的哲学家和科学思想家发表的声明中都可以找到例证。中国哲学思想从不以形而上学的唯心主义为主，至于机械主义世界观则甚至从未存在。中国的思想家普遍赞同有机论观点，即每一现象都遵循其等级次序与其他现象相互关联。可能正是这种自然哲学一定程度上推动了中国科学思想的发展。例如，如果你早已坚信宇宙自身也是一个有机整体，那么就不会诧异磁石指北、指向北极星（或曰北辰星）、指向北极的现象了。换言之，中国人是一群喜好把理论投入实践的先行军，这或许可以解释何以中国人早早就了解到海洋潮汐的真正起因[58]。早在三国时期（220—265年），就可以找到有关超距作用的惊人记载：不经任何物理接触，就可以跨越远距离空间完成某种动作。【此处似指左慈在许昌为曹操取到松江鲈鱼和四川生姜的故事，见《后汉

书·方术列传》。】

前文中我们曾提到，中国人的数学思维与实际应用以代数为主，而非几何。中国文化中没有自发产生欧式几何，无可置疑，这一缺憾稍许阻碍了中国光学研究的前进步伐——反过来说，中国人也没有受到希腊观点的干扰，他们荒谬地认为光线是从眼睛里发射出来的。大约在元朝，欧式几何已传入中国，但直至耶稣会士入华之后才落地生根。值得关注的是，尽管没有欧式几何的指导，许多重大的工程发明并未因此大受影响，它们依然取得成功，其中就包括利用精巧的齿轮制造的以水为动力的极为复杂的天文演示与观测仪器。其中还涉及我们先前探讨过的旋转运动与纵向运动相互转换的问题。

钟表内部构造的发展就要涉及擒纵装置的发明，换句话说，就是一种机械装置，其作用在于减缓一组齿轮的运转，以便与人类最原始的钟表，即天空的每日时间变化统一。有趣的是，中国的技术初看似乎纯粹是从经验中得来，其实不然。1088 年，苏颂在开封成功地建造了水运仪象台，而此前他的助手韩公廉专门著述了一部理论方面的专著，书中详尽介绍了齿轮组与整座机械结构是如何从基本原理出发得到的。没有欧式几何，他仍然做到了。无独有偶，类似情况也发生在密宗僧人一行[59]和梁令瓒在 8 世纪初制造的那一台水力机械钟身上，它比欧洲最早出现的机械钟

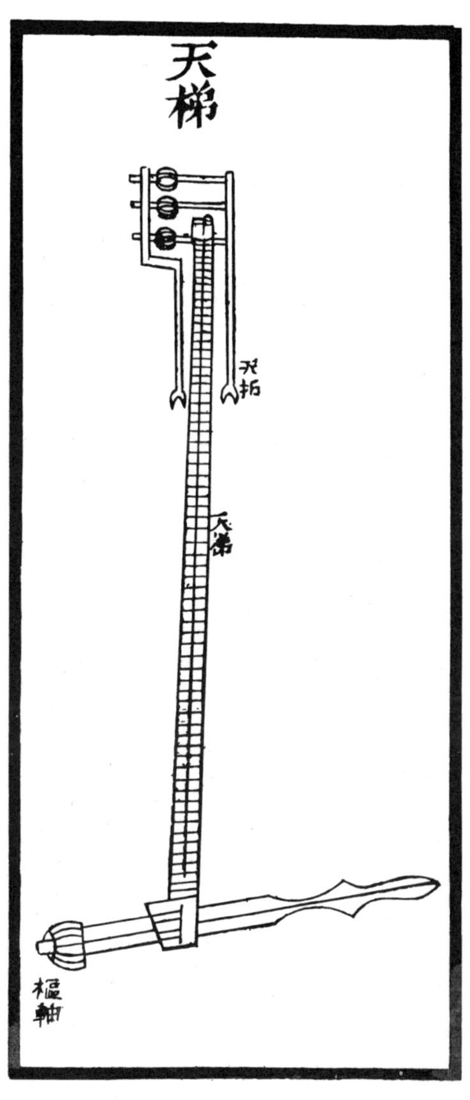

图一：苏颂所制浑仪（天文钟）的局部图，为史上最早的链条传动装置。摘自《新仪象法要》（1094年）

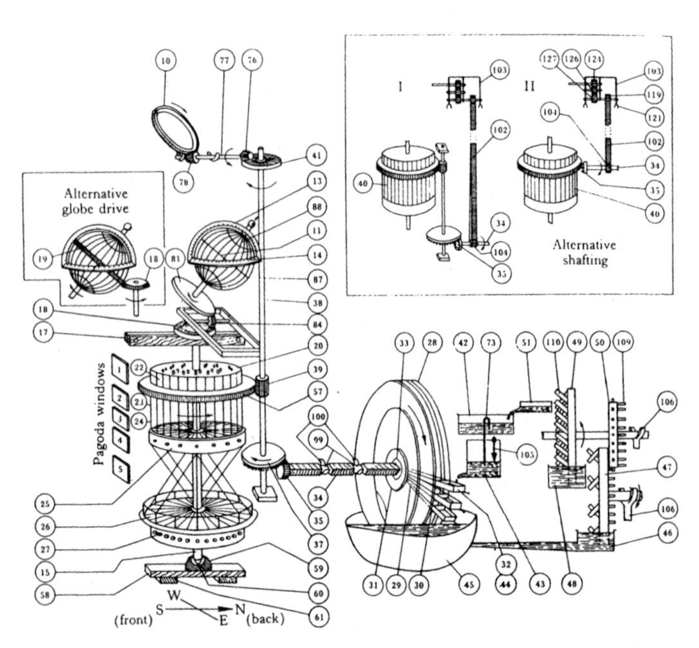

图二：苏颂所制浑仪的结构图，1088年建于开封。详见《中国科学技术史》丛书第四卷，第二部分，图652a

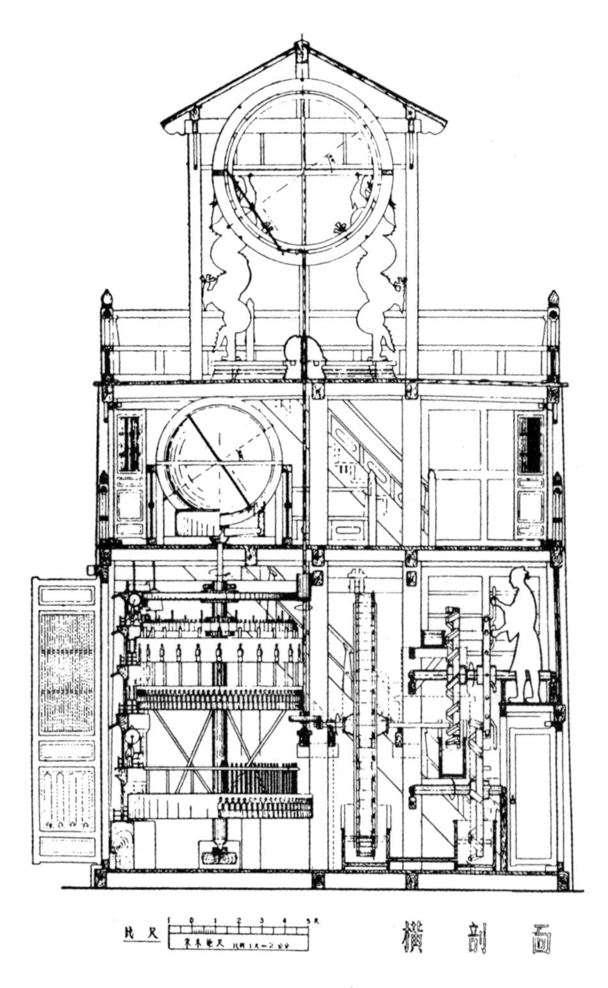

图三：水运仪象台复原图，1088 年建于开封；此图“揭开了我国天文钟的秘密”。摘自《文物参考资料》，1958 年 9 月

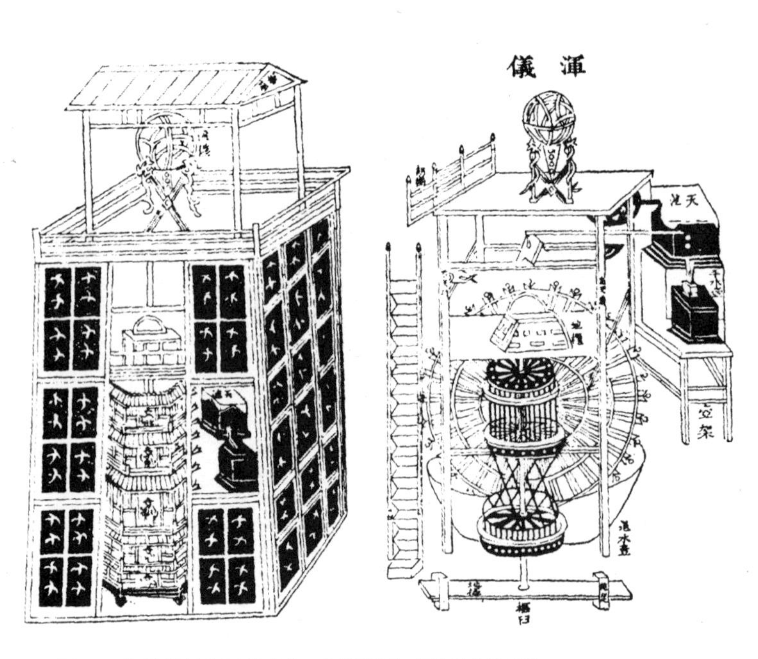

图四：苏颂所制水运仪象台。原图摘自《新仪象法要》

图五：水运仪象台复原图。此图由约翰·克利斯汀森（John Christiansen）绘制

图六：苏颂的水运仪象台模型。由约翰·康姆布利兹（John Combridge）制作，现存伦敦南肯星顿区科学博物馆内

及其摆杆机轴擒纵装置（verge-and-foliot escapement）[③] 早了六个世纪。此外，虽然中国没有培养出自己的欧几里得，中国人却依旧能够发展出这些在天文学上具有同等重要价值的发明创造，并坚定不移地付诸实用；这些古代发明甚至胜过了近代天文学[60]，直至今天仍在全世界广为应用。同样，中国的赤道仪也并未因此停滞不前，最终一台精致的观测仪器问世了，虽然仪器内部只不过安装了一根观测筒，还谈不上望远镜呢。

前文中已经提到过波粒二向性问题。秦汉以来，中国人始终关注的原始波动理论，和自然界两大本原“阴”与“阳”永恒的跌宕起伏关系密切。2 世纪开始，原子理论一次次地传入中国，然而这些理论始终未能在中国科学文化的沃土上落地生根。虽然缺乏这一特定理论的指导，中国人依旧取得了许多奇妙的成就，例如中国早在西方人之前几百年就认识到雪花的晶体结构为六方晶系。【《太平御览》卷十二《韩诗外传》：“凡草木花多五出，雪花独六出。”】同样，在建立有关化学亲合性问题的基本知识上，中国人也并未受到阻碍，这些知识出现在唐、宋、元时期一些关于炼丹术的论述中。某些概念的缺失反倒是减少了阻碍，毕竟直到欧洲文艺复兴之后这些理论才真正对近代化学的兴起产生了根本性的影响。

---

③ 译注：摆杆机轴擒纵装置的两端挂有可调荷重的水平杆，与冕状擒纵结构配合，用于古代的计时装置中。

兼重实践与理论

有人认为，从根本上说，中国人注重实践，不太相信理论。我并不想同这一观点进行辩论。但我们必须当心，不能无限制滥用这一论点。11—13世纪期间，宋明理学（Neo-Confucian school）取得了空前成就，他们成功地实现了哲学上的集大成，与此同时，欧洲经院主义哲学也熔于一炉，这难道不是很奇妙吗？甚至可以说，不愿埋首理论研究、尤其是几何学理论的做法给中国人带来诸多裨益。例如，中国天文学家从不像欧多克索斯（Eudoxus）[61]和托勒密那样推导天体，但却避免了宇宙由同心水晶球构成的假定，而这种假定在欧洲中世纪时期始终占有统治地位。16世纪末，耶稣会的利玛窦（Matteo Ricci）[62]来到中国，在寄回国内的一封信中他声称中国人怀有大量愚蠢的念头，其中特别提到中国人不相信水晶天球的存在；然而，不久之后欧洲人自己也摒弃了这一观点。

从根本上追求实际，并不意味着精神上就可以轻易满足，因为中国古代文化中进行过大量细致入微的实验。若非风水师极为认真地观察磁针指示的位置，人们永远不会发现磁偏角现象[63]；如果不是温度的测量与控制上的一丝不苟，以及对窑内氧化还原环境的任意调控，制陶工业就永远无法取得成功。人们对这些技术细节所知较少主要出于社会因素，致使能工巧匠们掌握的秘诀不能公之于世。

不过我们还是能不时找到某些文字记载，例如1102年问世的《木经》（一部木工手册），就是一本建筑学方面的经典，后来的《营造法式》就是在其基础上形成的。《木经》的作者是著名宝塔匠人喻皓；此书一定是他口述而成。他虽然不识字，却仍然能把自己所知所学传给后人。另有一例就是广为人知的《闽省水师各标镇协营战哨船只图说》（*Fukien Shipbuilders' Manual*），这部举世稀有的珍贵手稿表明，造船匠人有一些识文断字的朋友，他们熟知工程术语，可以将工匠们所能告诉他们的内容全部付诸笔端。

科学发展与社会经济结构的关系

至此，我们面临的是有关社会与经济的问题，我将乐于利用本次讲座的最后几分钟探讨这些问题，因为在中西方科学、技术与医学的比较研究中，这些悬而未决的议题具有举足轻重的意义。如果事先没有意识到东西方的传统社会结构和经济结构之间存在着的显著差异，就绝不可能理解两者在科学、技术与医学的不同。我深感欣慰的是，尽管不同学者对中国的封建社会解释大有分歧，但学者们总体上认为在过去两千年里，中国并不具备像西方那样军事贵族制的封建体制。无论中国的政治制度究竟是不是有如马克思主义奠基者们所知那样应当称作“亚细亚生产方式”，或是（像其他人的说法那样）称作“亚洲式官僚主义”，或是“封建官僚主义”，还是称作“官僚主义封建制度”（“二战”期间我在中国时，中国朋友们常常喜欢用的说法），抑或无论哪种你自己更乐于接受的名目，中国的制度势必与欧洲人心中所知有所差异。

我曾一度认为，这是由于公元前3世纪秦始皇统一中国，天下初定时中小城邦封建领主全部消失了。天下，一人之天下，国家由唯一的封建君主统治，也就是皇帝本人，他手中握有相对膨胀的权力工具，利用职位不能世袭的官员和士族文人中选拔出来的官僚或称官吏操纵天下，搜刮民财。这些官员在何种意义上可以称作一个“阶级”实在令人难下定论，因为显然在不同朝代、不同程度上可变性极强。如果愿意的话，许多家族可以全族升入士族“阶层”，再从中脱离出去，尤其是当科举考试在选拔官员问题上举足轻重的时代。科举考试与行政管理需要特定的天赋与技巧，家族中若不能培育出这类人才，在上层社会就难保一两代昌盛。因此，士，即文人官僚，两千年来一直作为国家的文化与管理精英。我们一定不会忘记“唯才是举”的理念（*carrière ouverte aux talents*），许多人认为这句话可以追溯到法国大革命时期，然而这一思想并非法国人所开创，甚至并非诞生于欧洲，实际上这一观念在中国已历千年。18世纪时欧洲盛行摹仿中国大潮，亲华之风正盛。尽管19世纪时这种风尚已渐渐失势，人们也不再把天朝大国及其官场视作培育圣贤的殿堂，我们还是可以在某些篇章文字中找到这样的介绍：19 世纪时，西方诸国正是在深刻了解中国的科举考试先例之后，才将这种选官竞争理论引入欧洲的。当然官僚也并非如我们有时理解的那样完全不分阶级，因为即使在最为开放的极盛时期，也是家学渊博、私人藏书丰富的公子们占有优势；然而无论如何，博学多才的行政官员的价值标准也必然与利欲熏心的商贾有本质上的区别，这是亘古不变的事实。

而这又是如何影响科学和技术发展的呢？这是一个非常有趣而复杂的问题，由于时间有限我们就不作深入探讨了。然而毋庸置疑，以士族学者看来，中国的某些科学才是正统科学，其余则不算。由于需要勘定历法，天文学一直是正统科学之一，这是因为中国根本上属于农业国，历法的制定格外重要。此外人们崇信占星术，只是这一点没有农业需求那样重要罢了。人们认为只有在博学大家的工作中数学才有用武之地，某种程度上也会用到物理学，尤其在官僚核心人物才特有的工程建设项目中，数学和物理学将大有帮助。中国官僚社会需要建设规模宏大的水利工程与水土保持工程，这不仅意味着古代学者普遍认为水利工程建设确实利国利民，而且表明它有助于稳固现有社会形态，而学者们自身就是这种社会形态中不可或缺的一部分。自远古时代起，兴修规模宏大的水利工程往往会打破封建地主领地的疆界，其结果就是一切权力都集中于以皇帝为首的官僚中央政府。许多人都坚信中国的封建官僚社会的起源和发展至少在一定程度上有赖于这一事实。实际上，某些文本中确实可以找到类似的阐述，例如公元前 81 年的《盐铁论》。书中有一页提到：天子必须考虑广阔疆土上的水利工程需求，与别的封建地主相比，天子要耗费更多心力。【《盐铁论·园池第十三》："大夫曰：诸侯以国为家，其忧在内。天子以八极为境，其虑在外。故宇小者用菲，功巨者用大。是以县官开园池，总山海，致利以助贡赋，修沟渠，立诸农，广田牧，盛苑囿。"】

炼丹术则有别于这些应用科学，它显然属于非正统的科学，是与世无争的道家术士和隐士们特有的工作。这一领域中丹药本身并不引人注目。一方面，中国传统文化讲求孝道，于是炼丹成为文人墨客心目中的高尚研究，事实上儒医们确实愈发投入这项研究；另一方面，炼丹与药学的必然联系又将它与道士、炼丹术士以及药剂师联系到一起。

最后，我相信大家已经发现，早期中央集权的封建官僚社会体系有利于应用科学的发展。比如地震仪就是其中一例，前文中我已不止一次提到过。在那极为久远的年代里，地震仪可以与雨量计和雪量计相媲美。而且极有可能是因为中央统治机构期望能够预见未来现象，这种合乎情理的要求促进了上述这些发明创造的问世。例如某一地区发生了严重地震灾害，就应当尽早得知这一消息，以便派人救援，并且给当地政府派遣增援部队以防骚乱。同样，设置在西藏山岳边缘的雨量计也能发挥很大作用，人们据此确定应当对山体下方的水利工程采取怎样的保护措施。中古时期，中国社会完成了同时代社会中最伟大的远征探险，其有组织的科学野外作业也是为数最多。佳证之一就是8世纪早期由一行（前面曾提及此人）和南宫说[64]主持的子午线测量。这次地理测量跨度不少于两千五百公里，跨越了自印度支那至蒙古的广阔疆土。几乎与此同时，一支远征队受命开赴东印度群岛，以便观测南天极20°以内的南部星空。我怀疑同一时代的其他国家政府是否有力量投入如此辽远的长途勘测活动。

从早期开始，中国的天文学就受益于政府的支持，然而天文学研究只具半公开性，这在某种程度上是不利的。有时中国史学家也认识到这一点，如晋朝断代史《晋书》中就有一篇有趣的文字写道："天文仪器自古代已经付诸使用了，由钦天监官员密切监控，代代相传。因此其他学者无缘研究这些仪器，从而导致非正统的宇宙论得以流传四方，格外兴盛。"【《晋书·天文志》："此则仪象之设，其来远矣。绵代相传，史官禁密，学者不睹，故宣、盖沸腾。"】然而，这一论题不能言之过甚。无论如何，我们清楚地知道宋朝时与官僚统治息息相关的文士家庭中已然可以进行天文学研究了，甚至相当普遍。例如，我们知道苏颂少年时，家藏小型浑天仪模型，于是他逐渐理解了天文学原理。【朱弁《曲洧旧闻》卷八："独子容（苏颂字子容）因其家所藏小样而悟于心。”】时隔一百年，哲学大家朱熹[65]也家藏一具浑天仪，并且尝试重新构造苏颂的水力转仪钟，只是没有成功。【《宋史·天文一》：“朱熹家有浑仪，颇考水运制度，卒不可得。”】除此之外，还有某些时期，例如11世纪，文官科举考试中数学与天文学知识也占有相当重要的地位。

【注释】

1 弗雷德里克·高兰德·霍普金斯爵士（1861-1947），英国生物化学之父，剑桥大学教授。

2 查尔斯·辛格，杰出的英国科学史家和医学史家。

3 沃尔特·尼达姆，17世纪医生和胚胎学家，英国皇家学会创始人之一。

4 托马斯·布朗爵士（1605-1682），英国著名医生和作家，作品包括《医生的宗教》（*Religio Medici*）。

5 夏德，德国人，1900年前后活跃在知识界，曾就中国经济和文化史著有多部作品。

6 夏伦，汉语教授，从1938年起至1951年逝世前始终在剑桥大学任教。

7 王静宁，澳洲国立大学中文系教授〔按：1994年辞世〕，参与《中国科学技术史》丛书许多章节的编辑工作。

8 罗荣邦，加州大学历史学荣休教授〔按：1981年辞世〕，参与研究《中国科学技术史》丛书中军事技术、制盐工业和深井钻探等章节的编纂工作。

9 钱存训，芝加哥大学荣休教授〔按：2015年辞世〕，参与《中国科学技术史》丛书中造纸术与印刷术发展史的编纂工作。

10 厄休拉·富兰克林，多伦多大学冶金学教授〔按：1989年退休〕，参与研究《中国科学技术史》丛书中非铁冶金学历史的编纂工作。

11 黄仁宇，曾任纽约州立大学东亚历史学教授，参与《中国科学技术史》丛书中经济史和社会史的编纂工作。

12 何丙郁，布里斯班的格里菲斯大学中文教授〔按：现为剑桥大学李约瑟研究所所长，台湾中研院院士〕，参与研究《中国科学技术史》丛书中炼丹术、早期化学、药物学，以及火药制造历史的编纂工作。

13 屈志仁，香港中文大学艺术史高级讲师〔按：现为纽约市大都会艺术博物馆（The Metropolitan Museum of Art）名誉馆长〕，参与《中国科学技术史》丛书中制陶工艺史的编纂工作。

14 李俨，杰出的中国数学史家。

15 钱宝琮，杰出的中国数学史家。

16 三上义夫，杰出史学家，著有《中日数学的发展》（1913）一书。

17 利奥波德·索绪尔，法国海军军官，汉学家，主要作品有《中国天文学源流》（*Les Origines de l'Astronomie Chinoise*）。

18 陈遵妫，杰出的中国天文学史家。

19 竺可桢，中国科学院前副院长，著作涉猎广泛，触及天文学、气候学史、气象学、历法，以及中国当代科学遭受抑制的情况等。

20 陈国符，天津大学化学教授〔按：2000年逝世〕，道教文献和炼丹术史方面的权威人士。

21 王明，道家思想及其对中国科学技术影响方面的权威人士（按：1992年去世）。

22 夏纬瑛，杰出的中国植物学史家。

23 石声汉，杰出的中国农史学家。

24 天野元之助，日本杰出史学家，研究水利工程、农业技术、农业发展中的社会问题，以及农业典籍。

25 李涛，杰出的医学史家。

26 陈邦贤，杰出的中国医学史家。

27 胡道静，当代著名科学史学者，编校《梦溪笔谈》一书。

28 沈括，一位对科学饶有兴趣的官员，生于1030年，著有《梦溪笔谈》一书。

29 贝特霍尔德·劳费尔（1874-1934），德国杰出的汉学专家，著有多篇中国文化史论文。

30 罗杰·培根（1214-1294），关注科学发展的英国哲学家。

31 帕拉塞尔苏斯（1493-1541），瑞士医生和最杰出的医学化学家。

32 李少君，汉代炼丹师，生活于公元前133年前后。

33 葛洪（280-350），晋朝学者，道家炼丹师。

34 林恩·怀特，杰出的美国技术史家，就中世纪时期宗教、社会变化与技术发展的相互作用著有专著。

35 乔治·萨顿（1884-1956），卓越的美国科学史家。

36 德克斯特勋章，化学史研究领域的勋章。

37 菲狄亚斯，公元前 5 世纪古希腊雕塑家。

38 张衡（78-139），汉代天文学家和数学家，发明了地动仪。

39 色诺克拉底（公元前 395-314），古希腊哲学家。

40 苏颂（1020-1101），官吏兼天文学家，著有《新仪象法要》，论及水力推动的浑仪及天球仪，据其作品可知中国钟表制造技术比欧洲早六百年。

41 维特鲁威，公元前 1 世纪罗马工程师，著有一部建筑学专著。

42 奥斯瓦尔德·斯宾格勒，德国历史哲学家，著有《西方的没落》（1918，*The Decline of the West*）。

43 罗马教令乃伪造文件，意在证实罗马皇帝将权力临时下放给教皇或拉丁主教。

44《赫尔墨斯文集》，古代亚历山大时期的宗教著作。·

45 详见《中国科学技术史》丛书第三卷，剑桥大学出版社，1959 年，第十九章，尤其是页 112-146，以及页 23-24。

46 布莱士·帕斯卡（1623-1662），法国数学家、物理学家和道德专家。

47 同注 45，页 133-137。

48 吉罗拉莫·卡尔达诺（1501-1576），意大利数学家，在医学和神秘科学方面也有论著。

49 丁缓，发明家、机械师兼工匠，生活于 180 年前后。欲知卡尔达诺悬置或丁缓悬置的详细内容，请参见《中国科学技术史》第四卷第二部分（剑桥大学出版社，1965 年），页 228-236。

50 参见《中国科学技术史》第四卷第一部分，剑桥大学出版社出版，1962 年，页 9-10。

51 裴秀（229-271），中国著名的制图学家和地理学家。

52 托勒密是亚历山大时期的天文学家，生活于公元 2 世纪，他在天文学与地理学方面发表的著作主导了西方人此后十二个世纪的思想。

53 李春，第一位利用拱形设计建桥的桥梁建造师，生活于 600 年前后。

54 详见《中国科学技术史》第四卷第二部分，页 119-126。

55 瓦罗（公元前 116-27），一位博学而多产的罗马作家，尤其以农业专著见称。

56 科路美拉，1 世纪的罗马农业作家。

57 盖伦是位著名的古希腊医生，曾在罗马军中服役。他与希波克拉底共同主导西方医学长达一千五百年。

58 总体上说，直至近代以前，中国人比欧洲人对潮汐现象有更多的了解和深厚兴趣，11 世纪初就曾试图精确地观测潮起潮落的现象，显然他们已然注意到天体对潮汐的作用。详见《中国科学技术史》第三卷，剑桥大学出版社，页 483-494。

59 一行（682-727），佛教密宗僧人，当时最伟大的数学家和天文学家，与梁令瓒共同发明了水轮连导擒纵装置。

60 详见《中国科学技术史》第三卷，页 266-268。

61 欧多克索斯（公元前 404-352），希腊著名天文学家、几何学家。

62 利玛窦（1552-1610），意大利传教士，第一批耶稣会士的领袖，他把当时欧洲的数学、天文学和其他科学的成就发展介绍到中国。

63 详见《中国科学技术史》第四卷第一部分，页 293-312。

64 南宫说，皇家天文学家，公元 8 世纪初受命与一行测量子午线，生活于 700 年前后。

65 朱熹（1130-1200），中国历史上最伟大的哲学家，宋明理学巅峰时期的代表人物。

第二章　火药与火器的壮丽史诗由炼丹开始

火药的研究与熏烟技术

火药与火器的开发无疑是中国中世纪最伟大的成就之一。人们从史上第一份介绍了混合木炭、硝石（即硝酸钾）和硫磺的资料发现，唐朝末年，即9世纪时中国已开始了这方面的研究。道家著作中严正建议炼丹师不要把这几种物质混合在一起，尤其不要添加信石（即砒霜），因为有些炼丹师曾因此引起混合物爆燃，火焰烧焦了他们的胡须，燃尽了他们工作的丹房。

我们来回顾一下有史记载最早的实验，通过这些实验我们才发明了火药配方。首先，中国古人精研烧香熏蒸之术。熏香目的在于保持室内卫生和驱除害虫，甚至《诗经》里也曾记载年底扫除，和“爆竹一声除旧岁”等等情景。【《国风·豳风·七月》：“穹窒熏鼠，塞向墐户。嗟我妇子，曰为改岁，入此室处。”】几百年后问世的《管子》一书中也提及关闭门窗、熏香治病之说，我们知道用的就是诸如茴香和除虫菊之类的杀虫植物。此外我们还了解到，自秦汉两朝以来，中国的文士学者也常在书房燃香，以免书籍毁于蛀虫之口。

中国人的制烟技术确实不凡。公元前4世纪的《墨子》就有论述城池攻守的章节，其中提到久攻不下时即可用鼓风机和熔炉向敌方施放毒烟和烟幕。【《墨子·备城门》："救闉池者，以火与争，鼓橐，冯埴外内，以柴为燔。"《墨子·备突》："城百步一突门，突门各为窑灶……门旁为橐，充灶伏柴艾，寇即入，下轮而塞之，鼓橐而熏之。"】或许还有更早的文字记载，但我们尚未掌握。《墨子》记载了大量类似的毒攻技术设备，预示15世纪《火龙经》中所说的毒性烟雾弹的诞生，1044年的《武经总要》一书再次提到这种武器，下文中我将引述有关文字。《武经总要》是北宋时期曾公亮[1]编纂的一部奇书，是军事技术方面的一部最重要的总述。12世纪时宋朝与鞑靼人海上对垒，国内烽烟四起、起义频仍，其中可以找到许多利用混着石灰和信石的毒烟作战的例子。火药，这项诞生于9世纪某一时刻、震动天地的创造发明，确实如我所言可以震天动地，因为它原本脱胎于燃烧剂，最早期的配方里有时还有信石成分哩。

当然，世上万物的发展皆有好坏两面。例如，980年，赞宁[2]和尚曾在《格物粗谈》中写道："热病时疫流行时，就该尽早在发病后将病人衣物收集在一起熏蒸消毒。这样病人家属才能免于病菌传染。”【《格物粗谈》卷下：“天行瘟疫，取初病人衣服，于甑上蒸过，则一家不染。”】那种做法肯定令路易斯·巴斯德（Louis Pasteur）[3]和约瑟夫·李斯特（Joseph Lister）[4]着迷。知识的善恶用途始终是手拉手、肩并肩，共生共死的，因为善恶之念本来都是人类天性。

硝石的重要性

还有一点也很重要，当然应当是指人类对硝石（即硝酸钾）的早期认识。直到人类完全了解硝石，并能够分离、结晶这种盐之后，火药才有希望问世。道藏之中有一部有趣的书，名为《诸家神品丹法》，其中记载了大量这类知识。另一部相关的书籍《金石簿五九数诀》中有一则故事提到6世纪时的一群粟特和尚，他们对硝石非常了解，还注意到其形态是凝结在地表的一层硬壳。唐朝麟德年间（664年），一位法名支法林[5]的粟特僧人携带梵文经著来到中国以便翻译成汉语。下面我将引述书中提到的一段有趣的故事。

支法林来到汾州灵石地区时说道：“此地必然盛产硝石，为何无人采集利用呢？”当时同行共十二人，众人采集若干物质后进行试验得知此物不合用，与乌长产出的无法相提并论。此后一行人来到泽州，此僧又言此地必出硝石："只是不知道是否和上次一样没有利用价值？"于是众人又采集若干物质，燃烧时紫光大盛。粟特僧人言道："此物非同寻常，可使五金变化，其余矿物与之混合时则全部溶为液态。"这一特性实则与他们早先所知的乌长物产完全相同。【《金石簿五九数诀·硝石》："本出益州、羌、武都、陇西，今乌长国者良。近唐麟德年甲子岁，有中人婆罗门支法林，负梵甲来此翻译，请往五台山巡礼，行至汾州灵石县，问云：此大有硝石，何不采用？当时有赵如珪、杜法亮等一十二人，随梵僧共采，试用全不堪，不如乌长者。又行至泽州，见山茂秀。又云：此亦有硝石，岂能还不堪用？故将汉僧灵悟共采之，得而烧之，紫姻烽姻。曰：此之灵药，能变五金，众石得之，尽变成水。校量与乌长，今方知泽州者堪用。"】

可见，此处已提及钾盐的焰色，冶炼时硝石的助熔作用，及其释出硝酸的能力，硝石的这种性质有助于溶解难溶的无机物。

我方才提到的那部《诸家神品丹法》中记载着一系列有趣的实验，这些实验有可能是伟大的炼丹师、内科医生孙思邈[6]在600年前后所做。其中一则配方说道：

取硫磺、硝石各两盎斯研为一体，将碎末倒入炼银坩埚或耐火熔罐。地面掘一洞，将容器置于洞中，使器口与地面持平，周围用土填实。取三只未受虫咬的皂荚，以木炭烤焦以保持原有形状，而后投入装有硝石和硫磺粉末的熔罐。火焰渐弱后封上罐口，盖顶放三斤燃烧的木炭，待木炭燃尽弃在一旁。罐中物无需待其冷却即可取出，由于盖顶生火，它的温度早已减弱了。【《诸家神品丹法》卷五："硫黄、硝石各二两，令研。右用销银锅，或砂罐子，入上件药在内，掘一地坑，放锅子在坑内，与地平，四面却以土填实，将皂角子不蛀者三个，烧令存性，以钤逐个入之，候出尽焰，即就口上，着生熟炭三斤，簇缎之。候炭消三分之一，即去余火，不用冷取之，即伏火矣。"】

大约650年前后似乎已经有人醉心于实验生产硫酸钾，因而听来这种实验并不令人兴奋；然而研究过程中他偶然制得了一种速燃物，而后又制得了爆炸物，这在全人类文明史上堪称首创。谈到此事就唯有"激动人心"这个词可以描述了。不过当然，他可能并不清楚自己所做的一切，也不知道这一过程是如何发生的。

而后约在808年或者稍晚一些时候，又出现了一本有趣的书，那是赵耐庵[7]编著的一部化学论文选集，全书共五章。书中记载了一个实验，其标题为“伏火矾法”，即用火熔化矾（即硫酸盐）的方法，实验药品包括硫磺、硝石和作为碳源的干马兜铃。【《铅汞甲庚至宝集成》卷二：“硫二两、硝二两、马兜铃三钱半。右为末，拌匀，掘坑，入药於罐，内与地平。将熟火一块弹子大，下放裹面，烟渐起，以湿纸四五重盖，用方砖两片，捺以土冢之。候冷取出，其硫黄住。每白矾三两，入伏火硫黄二两为末，大甘锅一个，以药在内，扇成汁，倾石器中，其色如玉也。”】这一记载同样被世人当作原始火药成分的最早记载之一。这一混合物可能会猝然燃烧，根本来不及爆炸。这些最初记载问世的先后顺序还有待最后勘定，然而如果《诸家神品丹法》中的实验确为孙思邈所完成，那么7世纪中叶应该被视为火药的开端。而且它记载的实验过程最有古代特色，因为用皂荚作为碳源的初衷显然不是为了制造炸药。

丹药的误方与原始炸药

最后，我还愿意谈一下早期文献资料中另一部有趣的书籍，此书名为《真元妙道要略》。我们还不知道其确切成书年代，只知道大约在9世纪中叶。这部书涉及到上述的文献，它至少记载了三十五种错误甚至有害的丹药配方，而这些配方在当时盛行于世。书中提到许多案例，有人服食含有水银、铅和银的丹药后丧命；有人吞食朱砂后饱受背部脓肿疼痛之苦；还有人饮下“乌铅汁”（很可能是热的石墨悬浊液）后大病一场。那些错误的炼丹法中，有的把桑木灰煅煎滚，名之为秋石；有的将日用食盐、氯化铵和尿液调合在一起，蒸发成干粉，提纯后的产物被称作铅汞。如此看来，这些配方恐怕是蓄意骗人的。最后，再来谈谈作者警诫时人注意的错误配方，书中详细介绍了某些炼丹师将硫磺与雄黄（即四硫化四砷）、硝石、蜂蜜调合在一起加热，结果是混合物突然燃烧，将炼丹师的双手和面部灼伤，甚至将整座房屋烧毁。【《真元妙道要略·黜假验真镜第一》:“有以硫黄、雄黄合硝石，并蜜烧之，焰起烧手面，及烬屋舍者。”】他声称这些做法最终只会有辱道家名誉，炼丹师本不该仿效歧途。这一篇章的意义格外重大，因为它也记载了混合硫磺、硝酸盐和碳源即可配成一种可燃物或是爆炸物，也就是原始炸药，因此它也是人类文明史上最早载有这一配方的资料之一。

火药与火器

此后，历史的发展格外迅速。火药一词在中国文化中成为寻常词汇；我们很难在其他文本中遇到这一词汇，显然可以由此推知我们所谈论的火药是作何用途的。例外情

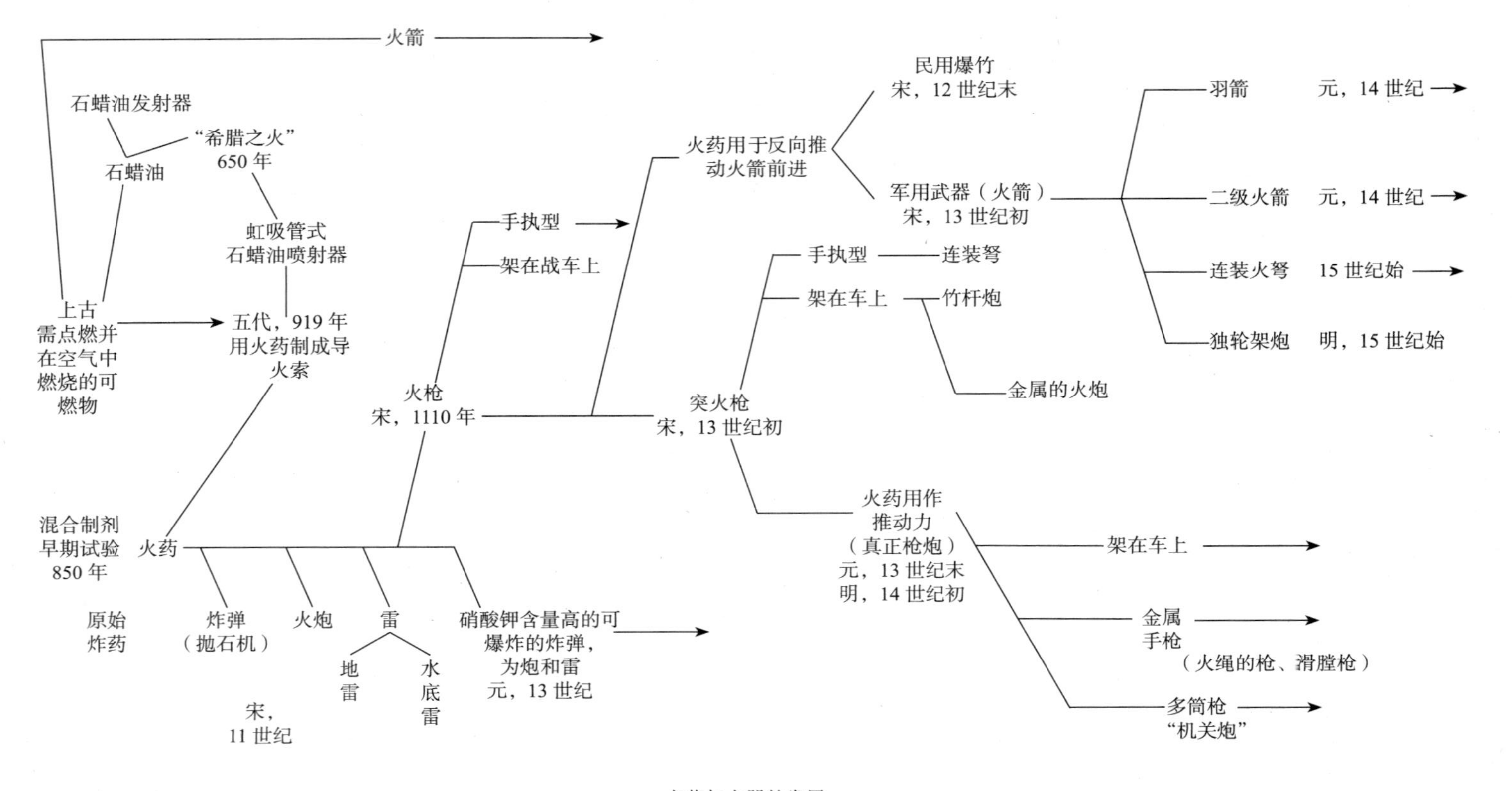
火箭
石蜡油发射器
“希腊之火”
650 年
石蜡油
虹吸管式
石蜡油喷射器
上古
需点燃并
在空气中
燃烧的可
燃物
五代，919 年
用火药制成导
火索
混合制剂
早期试验
850 年
火药
原始
炸药
炸弹
（抛石机）
火炮
雷
地
雷
水
底
雷
硝酸钾含量高的可
爆炸的炸弹，
为炮和雷
元，13 世纪
宋，
11 世纪
火枪
宋，1110 年
手执型
架在战车上
火药用于反向推
动火箭前进
民用爆竹
宋，12 世纪末
军用武器（火箭）
宋，13 世纪初
羽箭
元，14 世纪
二级火箭
元，14 世纪
连装火弩
15 世纪始
独轮架炮
明，15 世纪始
突火枪
宋，13 世纪初
手执型
连装弩
架在车上
竹杆炮
金属的火炮
火药用作
推动力
（真正枪炮）
元，13 世纪末
明，14 世纪初
架在车上
金属
手枪
（火绳的枪、滑膛枪）
多筒枪
“机关炮”
火药与火器的发展

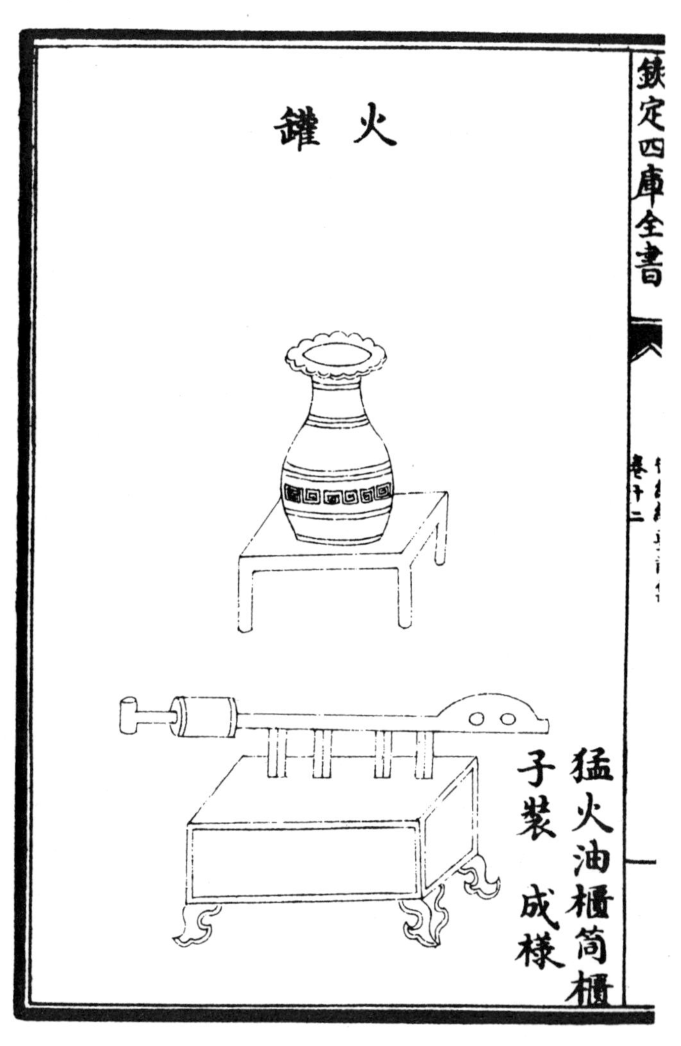

图七：下方为猛火油柜和火罐，据文本记载该装置善于燃烧浮桥。取自《武经总要》（1044 年）卷十二

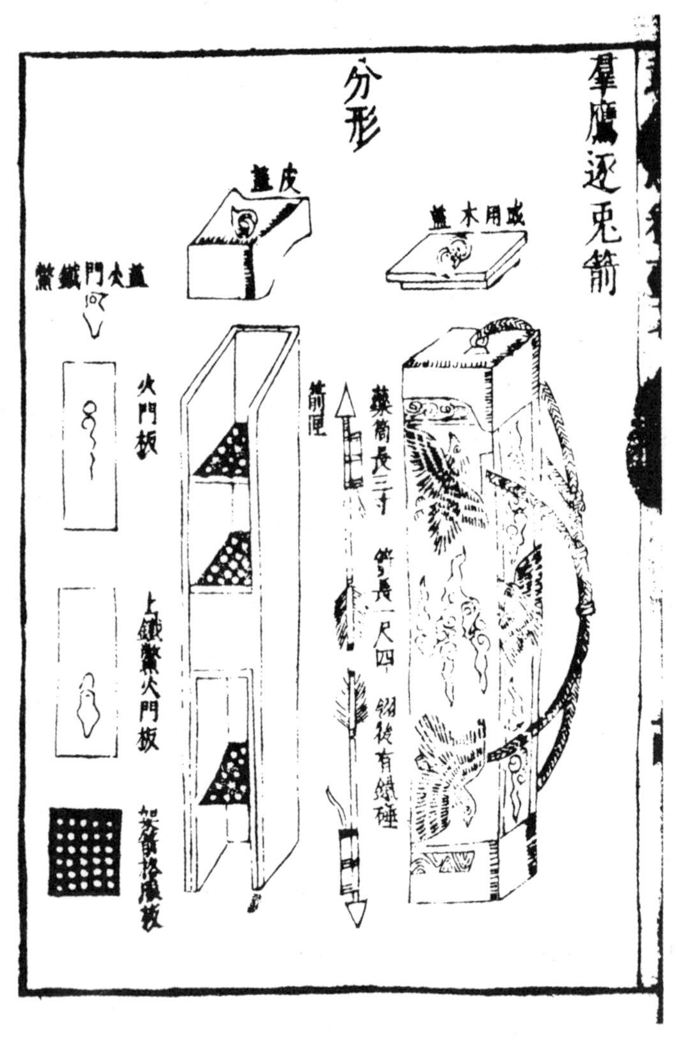

图八："一窝蜂"火箭炮——群鹰逐兔箭。取自《武备志》（1628年）卷一百二十七

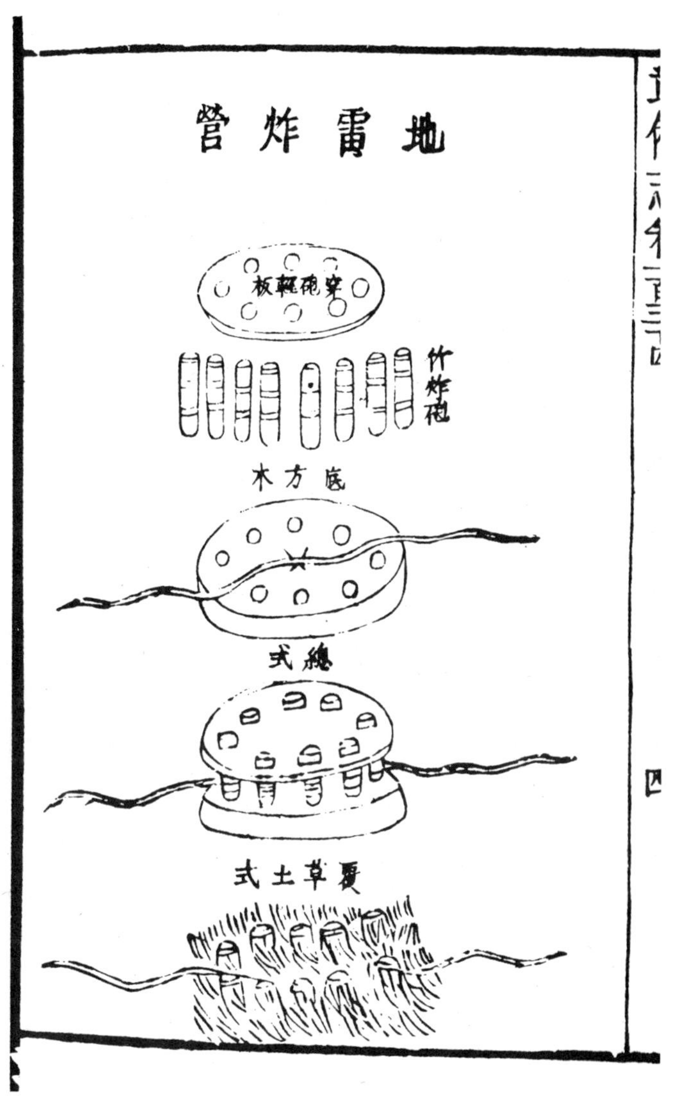

图九：地雷——同样由单独火枪枪筒构成。取自《武备志》卷一百三十四

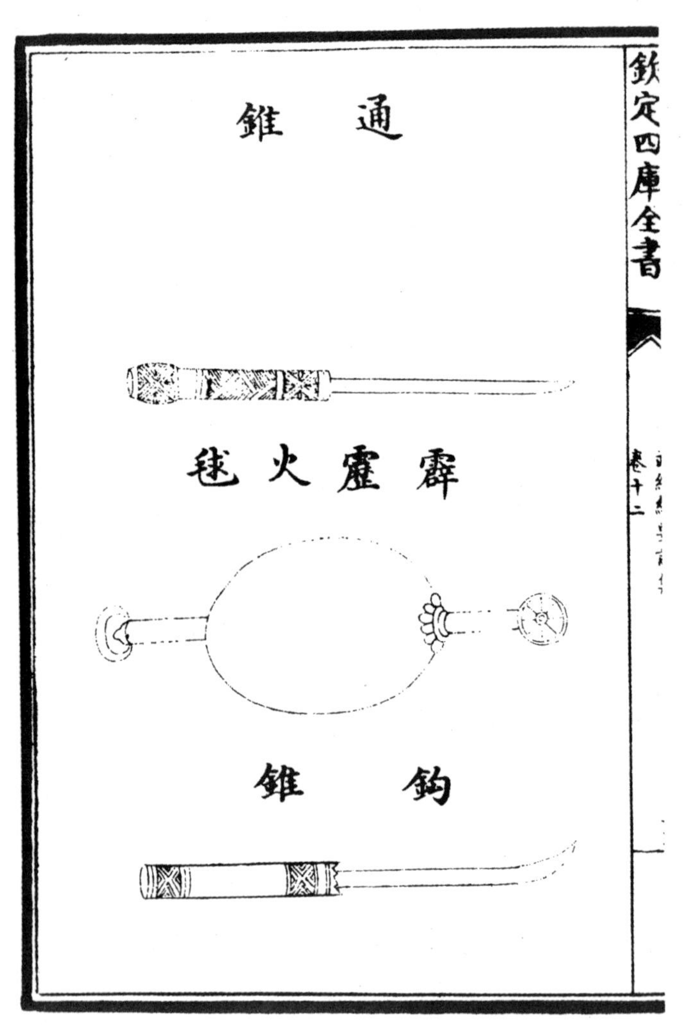

图十：霹雳炮炸弹，有毒烟弹或竹筒榴弹。取自《武经总要》卷十二

况也有，在内丹或称生理炼丹学中曾提到火药还另有一种作用；然而总而言之，这个词总是指这种或那种枪炮填料。我们发现，火药的首次使用是在919年作火焰喷射器的导火索；到1000年，利用炸药制造的简易炸弹和榴弹已经投入实战了，尤其常常用抛石机高高抛出，此物得名为火炮。

44-45页的图表按年代顺序注明了火药与火器的发展状况。用火药做导火索的猛火油柜的确是一种令人心醉神往的机械。1044年的《武经总要》中分别以文字和图形描述了这种机器，它样子仿佛拜占庭时期希腊人的“虹吸管”，实际上就是一架石脑油发射器。它在一根连杆上配有两个活塞，的确是一架有趣的压力泵；它从下方油箱中把石脑油或称低沸点的石油馏分抽上来，点燃后射到数码之外。妄图攀越城墙者一定深为恐惧。

1044年曾公亮编纂的《武经总要》中，同样出现了火药配方的最早记载——远远早于欧洲首次出现或有文字记载的年代。要想寻觅这类记录，至少要等到1327年，最早也要到1285年，那正是蒙古人纵横天下的时代。这个年头值得切记在心，因为正是在这一年，西方文明中才首次记载了火药配方。

当然，11世纪初期的炸弹与榴弹里填充的炸药并不具备爆炸威力，此后两个世纪中火药成分中硝酸钾的比重增加了，故而威力也提高了。最初硝酸钾比例较低，其功用在于制造氧气，后来才渐渐增加。早期的原始火药更像火箭填料，可以“嗖”的一声把箭发射出去。那种火药看来吓人，但不具备破坏性的爆炸威力。13 世纪中叶宋元战争正打得难解难分之际，硝酸钾的比例才提高到足以摧城夺池的地步，可以把城墙炸飞，也能洞穿城门。

火枪与大炮的祖先

这种转变是在筒型枪这一重要武器出现之后发生的。如今我们认为筒型枪出现于 10 世纪中期，换言之即五代时期，当时火枪刚刚研制成功。近来在巴黎吉美博物馆（Musée Guimet）发现了一面来自敦煌的旗帜，其画面极其与众不同：佛祖坐禅静思，身边环立大群罗刹，众罗刹面目狰狞，正向佛祖抛掷什么东西；其中许多罗刹身穿戎装，某个地方还有一恶鬼，头巾里盘踞三条长蛇，双手紧握一只圆筒，正在喷射火焰。那火苗并非向上喷发，而是水平射出，可见这圆筒必为火枪无疑。里面填充的也肯定是火箭填料，喷射起来就像微型火焰喷射器一样，效果灵验。

由此我们很容易看到那段天然管筒——竹筒的功效是何其重要了；而且我们很乐于坚持认为，这种竹筒就是各类型管形枪与大炮最原始的祖先。从 1100 年开始，火枪就已在宋金战争中大显神威了。例如，陈规的《守城录》就是一部记载 1120 年前后守卫汉口以北某座城池的日志。书

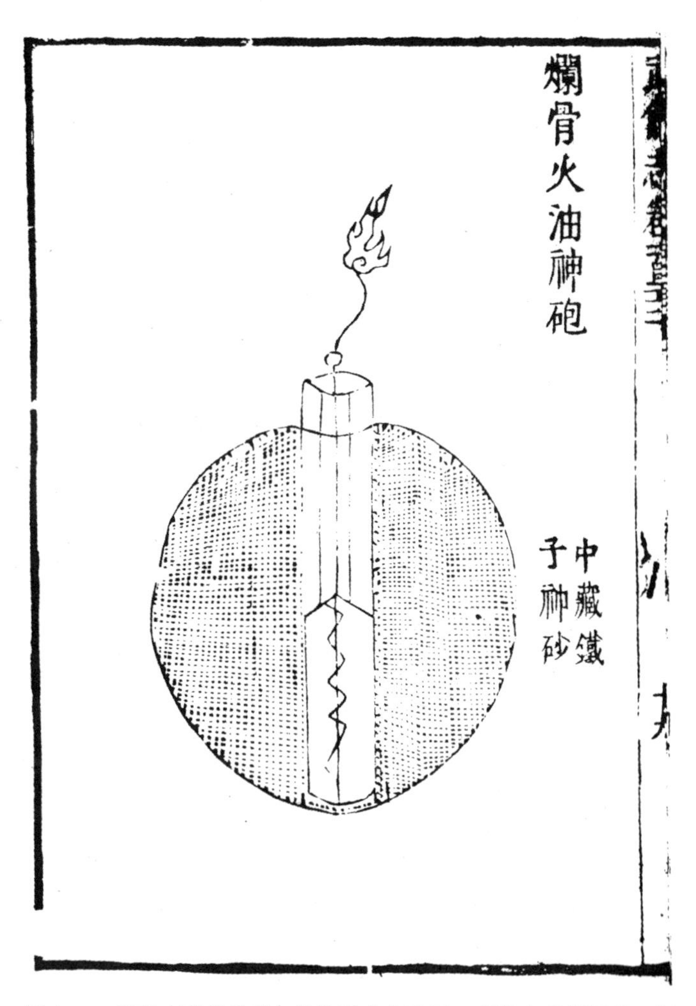

图十一：填充火药的炸弹，铸铁匣内充飞石、毒烟和催泪烟雾、桐油、银锈、硇砂、金汁、蒜汁、炒制铁砂和磁粉。取自《武备志》卷一百二十二

图十二：火枪的最早代表，见于敦煌出土的佛教故事锦旗，约制于 950 年

中描述到，守城时大量使用了这种火枪，枪里填有火箭火药，用时持其一端发射。【《守城录》卷四《德安守御录下》："以火炮药造下长竹竿二十余条……皆用两人共持一条，准备天桥近城，于战棚上下使用。"】在我看来，不断发射这种持续三分钟的火焰喷射器，必定能够有效打击大举进攻来犯的敌人。

正如我曾经介绍过的那样，1230 年以前，即宋元战争后期，已然能够找到有关爆炸性火药的文字描述了。然后约在 1280 年，出现了真正以金属打造的枪炮。它究竟首次出现在何地，是与阿拉伯人称作马达发的火器一样出现于阿拉伯呢，还是出自西方人之手？一时众说纷纭。

1280 至 1320 年正是金属管枪炮产生的关键期；然而无论如何猜疑与争论，不容置疑的是，中国的竹筒火枪才是它真正的祖先。

“希腊之火”

讨论与火药相关的其他重大发明之前，我们必须更深入地探讨现有话题，再来谈一谈另外几项具有重大意义的成果。首先我很想谈一下火焰发射器，即“猛火油机”演变为火枪这一发展何其轻易而合理。猛火油机中填充的“希腊之火”（即石脑油），就是蒸馏石油后提取的低沸点轻油馏分。其一，石油发射泵终于制成了一种手提式火焰发射武器。其二，这部压力泵已然开始利用火药作为慢性引燃剂，尽管当时火药中硝酸钾含量很低，其威力依旧令人感到不可思议。因此猛火油机很容易就演变为火枪。在此有一件有趣的事实值得我们注意：谈及石脑油本身，我们可以追溯到 7 世纪拜占庭时期一位名叫科林尼克斯（Colinicus）的化学家，在阿拉伯世界的战争中石脑油也广为使用；而在公元 10 世纪以前，中国五代时期各国君主也常常把这种武器摆上战场、相互讨伐。故此以往曾有许多人认为石脑油肯定是中国人自己提炼的。

直至近代火枪仍然广为使用。我见过一幅照片可以为证，画面上拍摄的是六七十年前〔按：指 1910—1920 年间〕中国南海上的一艘海盗船正在开火的景象。可以料想另一艘船上的索具与木器早已是一片火海。这种火器一直到 20 世纪初仍然大显神威。

我方才提到，五代时期石油或石脑油（即低沸点的石油馏分）用量颇巨，因而必定是中国人自己提炼的，决不可能完全从阿拉伯世界进口。古代蒸馏方法共有三种。第一种为希腊化式的[1] 蒸馏法，将蒸馏提取物收集在一只圆环筒状的轮辋中，再由支管流出。第二种为印度蒸馏法，又称干阗式（Gandharan）蒸馏法，同样没有冷却流程，产出仍只有蒸汽，馏出物收集在器皿里。这种蒸馏法本来是为提炼汞而设计的，但轻油馏分同样适用。提炼汞和石脑油还可以利用第三种方法，即典型的中国式蒸馏法。蒸馏器一端永远配有一副冷却槽，下方一只大钵接收产出物，再由支管输入容器。

由火枪到发射机

我们已知火枪于 950 年以前崭露头角，到 1110 年闻名天下。当然，其中的火药就像我曾提到的那样并不具备爆炸威力，而是更类似火箭填料。它可以猝然燃烧，喷射出熊熊烈火，但绝不是“嘣”的一声巨响，突然爆

① 译注：此处指亚历山大大帝死后至公元前 1 世纪的希腊化时期。

炸。最初，火枪由士卒肩扛手提，到了南宋时期，制造火枪时才选用直径较大、约合一英尺的竹筒为原材料，并且把火枪架设在支架上，甚至配以车轮，这样火枪就可以随意移动了。改进之后，一种新型武器诞生了，我发现有必要冠之以新的名目，于是我们称之为“突火枪”，因为西方世界几乎从未产生过类似的武器装置。（例外情况或有一两则，比如1563年土耳其人围攻马耳他，马耳他守军就推出一种类似的武器，只是没有为它取适当的名字。在我们看来，它和许多其他武器一样都暴露出自己的中国渊源。）

更为引人注目的是，这些突火枪设计独特，可以在喷射火焰的同时发射炮弹。因此我们只得再为它取个名字，大家最后决定定名为“共载发射器”（co-viative projectile）。这些弹片只不过是废铁，甚至碎瓦罐、碎玻璃的残片，但它与拿破仑统治后期欧洲出现的链弹大相径庭。因为此时只不过利用火药爆炸力推动碎片飞射，而链弹已然取代了常规的固体炮弹，独立胜任了。宋元时期突火枪中的炮弹更类似于霰弹，1644年查尔斯·梅因沃林（Charles Mainwaring）[8]为霰弹下的定义是：“把各种废铁、石块、步枪子弹等类似物品塞入炮弹壳，从大炮中发射出去。”彼此的区别在于，中国古代的制造方法中，这些边缘锋利而坚硬的废物是与火箭填料，即火药混合在一起的。后来霰弹还得名canister shot（榴霰弹）和langrage（钉弹），但它们都不是火药与弹片同时发射的，那已是陈年旧事了。通常情况下，突火枪由竹筒制成，架设在战车上，但是第一架铜铸或是铁铸的金属杆突火枪的诞生绝对与它关系紧密，这件事意义非常重大。尤其应予注意的是，金属杆突火枪后来进而演化为金属杆火炮和大炮。

值得注意的是，在突火枪时代末期，真正具有爆炸威力的炮弹也和共载发射器一样应用于战火硝烟之中，这应该是其最早出现的时代。不过作为共载发射器的突火枪体型较小，凭人力即可应付，到 13 世纪末 14 世纪初突火枪巅峰时期，连发弩机也付诸使用了。由于火药产生不了最强的推动力，这些羽箭无法飞得很远；然而近距战役中，由城上纷纷射下，尤其阻拦轻甲士兵或毫无装甲的来犯之敌时，效力尤为可观。此后出版的书籍中就有插图，详示手持式突火枪的共载发射器，或称之为火枪的晚期形式。

最终，金属杆的火器问世了，它另有两种基本特色：其一，火药中的硝酸钾比例增加了；其二，发射弹（例如子弹或炮弹）与枪炮口径严谨吻合，于是火药的推力可以发挥到极致。这种火器才可以称之为真正的枪或炮。如果它确如我们所推测的那样，诞生于 1280 年的元初，那么距离最原始的火器发明——火焰喷射器，它至少走过了三个半世纪才发展成形。

欧洲火炮源于中国？

我们从牛津大学图书馆收藏的一份手稿中得知，1327年欧洲首次出现火炮（如果可以这样称呼它的话）。我们决不能把这么早时代的枪炮想象成腔膛纤长而光滑，保障发射物可以击中目标。欧洲早期火炮的形状有如圆肚花瓶，极具特色，炮口类似老式大口径短程霰弹枪的枪口，向外伸展，呈喇叭形。于是，每逢发射，或中或飞，准确性不高。不过火药已经填充在火炮内部，炮弹也安置在炮杆最窄的部分，因此即使炮手瞄准有误，轰击城墙、城门或是一拥而上的军队时（那一时代军队士卒往往成密集队形前进），依然奏效。

而今有趣的是，我们还找到了描绘这种火炮的中国绘画。画面上，火炮全套设备架设在战车上，与欧洲14世纪首批出现的火炮形状毫无二致。因此，极有可能火炮原本创始于中国，西方只是照样复制而已，因为直到1285年前后，西方才开始了解火药常识。如果猜得不错的话，这就意味着：随着中国的瓶状大炮的出现，火药的应用终于达到了最高境界，成为纯粹的推动力制剂和射击制剂，这一进步比欧洲初次认识火药还要早——也有可能同时发生吧。无论如何，由孙思邈和他的朋友首创的实验算起，火药、火器发展的全过程肯定经历了整整七百年——在中古时期，这样的进展速度相当可观了。

还有一件事同样值得注意，中国考古界发现了许多铭刻着铸造年代的铜制和铁制的火炮、大炮，其年代全都远远早于欧洲考古发现的同类武器。这些铭文究竟会把我们带回到 1327 年，还是更久远的时代，我不太清楚，然而炮身上铭刻的年代大多是 1327 年之后的几十年——欧洲就找不出这么早的例证。

一般而言，金属杆火炮都是架设在炮车上的；而后不久，它的体积就减小到单人即可携带、发射的程度；而后又直线锐减，终于制成了火绳枪和滑膛枪。到 16 世纪时，葡萄牙的滑膛枪深深吸引了中国人，他们称其为“佛郎机”（即法兰克的机械），不过那又是另一段故事了，此处我们无暇顾及。葡萄牙战舰上的轻型可旋转火炮，或带有可拆装金属把手的后膛炮同样令中国人心动不已，这种炮被命名为鸟嘴机，不过这一事例同样不在我们探讨的历史关键时期之内。

早在那一时期以前，火炮和大炮终于登上了多重式炮台。这种形如花瓶的火炮究竟首先出现在什么地方，是中国还是欧洲？这一问题难以解决的主要原因在于古代东西方著作各有各的独特难处。西方编年史记载不够充足，直至很晚时代才丰富起来，因此书中插图具有格外重要的举证价值；而中国面临的难题在于，科技书籍的出版零星分散，即使同一书籍也版本各异，不是每本书都能精确推测出其年代。

重要典籍

前文我们已经提及1044年曾公亮归纳整理的《武经总要》。我曾在北京琉璃厂发现一本明代的版本，其中有关火药的整整一章全都不见了，因此显然那一时代的信息依旧“有限”，后来我将该书捐献给了中国科学院图书馆。《火龙经》堪称科技史上又一座里程碑，此书大体分为六部分，作者涉及多人，其中某些作者，例如诸葛亮[9]，显然纯属虚构；其余极有可能属实，例如刘基[10]，他是元末明初一位博学多才的技术将领。这部作品的书目提要和正文内容已由澳洲的何丙郁和王静宁注释清楚了，它堪称中国火药发展史籍中最重要的一部。我相信，其不同版本的出版年代大体介乎宋末（1280年）和明初（1380年）之间，跨越了很长一段时期，包括元朝，包括后来的明朝皇帝朱元璋向蒙古人开战反抗蒙元统治的时期，战争中朱元璋大量使用了枪炮，尤其是新型火炮。他手下一名炮手焦玉[11]极有可能是明末一位名唤焦勖[12]的人的祖先，我认为这两个人均与《火龙经》的传统大有关联。

而后大家可以再来研究茅元仪于1621年编纂的《武备志》，这是一部重要文献，同样插图繁多，存有多种版本，甚至有时各版本的书名都有差异。除以上这些早期重要资料外，在其他一些技术性书籍中也可以找到有关火药武器的资料，例如宋应星于1637年完成的名著《天工开物》；

此外，当然许多类书中也可找到有关记载。

那么，这些文献的奇特之处就在于，它们既回顾历史，又远瞻未来。例如，书中有许多插图显然与当时实情不符，如《武经总要》中火炮和长炮的插图并未配有相应的文字说明，因此这些图片肯定是后世的编纂者添加上去的。反言之，或许出于完整性的考虑，《火龙经》和《武备志》运用了大量图片和文字介绍早在成书时代以前出现的火药武器。故此在勾画火器兴起与发展的过程时，我们只得依据推测进行相当大量的重新排序的工作：根据文本间或提供的确切年代，我们把不同形式的武器依照最可能符合史实的顺序排列起来。正是由于此类原因，我们难以百分之百地判定火炮究竟最初源于中国还是出现在欧洲。不过看起来，从首次混合硫磺、硝石和碳源制成火药，到金属杆枪炮成形，其整个发展过程的确首先在中国出现，而后才流传到伊斯兰教与基督教的领地。无论如何，枪筒原理首创于中国，这一点毋庸置疑；其原始祖先就是天然管筒——竹筒，它对于各种科学或技术目的而言都是十分便利的。

“火箭”之路

迄今为止，本次讲座还未有一言谈及火箭。在当今时代，人类与车辆已登上月球，乘火箭推动的飞行器探测外太空的历程也已不是秘密，因而没有必要详细阐述中国首次成功发射火箭时是如何起步。毕竟，只需将一根火枪的竹管反向绑缚在羽箭上，而后任其自由升空即可达到火箭的效果。反向推动原理究竟创于何时，这是一个有争议的问题。我们在二十年前（按：1964 年）为《中国遗产》（*The Legacy of China*）一书大事写作的时候，曾认为火箭诞生于 1000 年，恰恰得以及时收入《武经总要》。不幸的是，由于专有术语的匮乏，火箭的称呼不大靠得住。书中提供了火箭的插图（即着火的羽箭），从画面上看与后来的火箭图片极其相似，故而也被称作“火箭”了。然而《武经总要》中谈到某些羽箭的发射方式有如用梭镖投射器（atlatl）或投矛器发射长矛或标枪一样，【《武经总要》前集卷十三：“又有火箭，施火药于箭首，弓弩通用之。其傅药轻重，以弓力为准。”】可见这种箭支未必是火箭，而更可能是填充了可燃物的细管而已，其用途在于点燃敌军城内建筑物的屋顶。新事物并不总是有新名称来相配，这也不是我们第一次遇到这样的情况了。例如水力机械钟也是如此。因此火箭一词既可代表可燃箭支，又可指当代意义上的火箭，名称混淆难辨。

某种意义上说，在敦煌发现的那面 950 年的旗帜解决了火枪与火箭究竟哪一个先问世的问题。尽管就火箭初次出现于 1000 年以前的提法仍存在异议，但现在看来我们似乎应当到晚些时候再从另一角度入手研究火箭的起源。在接近 12 世纪末南宋时期的文字中，已经出现关于宫廷中燃放花炮表演的描写。这种称作“地老鼠”的爆竹就是一段填有硝酸钾含量较低的火箭填料的竹筒，可以在地面上自如地四处游窜，令人望之惊吓，有文字记载宋朝的一位皇后就不喜此物。【《齐东野语》卷十一《御宴烟火》：“穆陵初年，尝于上元日清燕殿排当，恭请恭圣太后。既而烧烟火于庭，有所谓地老鼠者，径至大母圣座下，大母为之惊惶，拂衣径起，意颇疑怒，为之罢宴。”】必定是这种民间娱乐触动了火枪手，令人联想起开枪时不得不承受火枪的后坐力。于是有人尝试把爆竹固定在箭羽尾部，结果这支箭“嗖”的一声呼啸中靶。我们猜测此事大约发生在 13 世纪，因为 14 世纪元朝时期，火箭已然成为火器的一种了。

到明清两代，许多饶有趣味的新生事物紧随而来。其中首当其冲的就是巨型二级火箭（说起来有些奇怪，这使人联想到“阿波罗”号宇宙飞船），其推进火箭分两步先后点燃，自动向轨道前端发射大簇火箭推动的箭支，用以袭扰敌军集结地。火箭配有双翼，形如飞鸟，可以算是提高火箭飞行过程中气动稳定性的早期尝试了。此外还出现了多管火箭炮，一根导火索可以同时引燃五十支火箭；再后来火箭炮被架设在独轮手推车上，这样整组火箭都可以像后期出现的常规大炮一样推入阵地准备作战了。

火箭炮在欧洲 18 至 19 世纪初期的海陆战史上建立了不朽功勋。拿破仑战争期间，英国海军发射的火箭将哥本哈根烧成了一片火海。而火箭部队在所谓“可敬的东印度公司”（The Honourable East India Company）横行的时代也是盛名卓著，它的大名可以与蒂波·萨希布（Tippoo Sahib）这样的王子们一争高下。然而这段辉煌时光转瞬即逝了，因为又出现了瞄准精度更高、技术更先进的大炮，可以发射烈性炸弹和燃烧弹，于是西方的火箭炮群于1850年左右销声匿迹。直到我们生活的时代，火箭推动装置才遵循人类意志，远远地冲出了地球大气层，重振往日声威。烈性炸药在这一问题上无能为力，尽管在儒勒·凡尔纳（Jules Verne）[13]笔下，巨型大炮已经瞄准了月球。

北京的国家军事博物馆里，陈列着一具巨型二级火箭的原始模型，箭身携有到达目的地时才发射的小箭。此外还展示了一具有双翼的飞鸟形火箭。

《武备志》一书中以大量配图解释何为“一窝蜂”火箭炮，可以看到这种发射装置能一次同时发射三十、四十甚至五十支羽箭，在当时肯定对敌军构成了巨大威慑。军事博物馆存有一具模型。后来“一窝蜂”火箭炮也被架设在独轮车上，通常四弩一车，车上插有几杆备用长矛，仿佛是对旧式兵器的怀念。火箭炮手也配有手持式火枪，以备敌方逼近时应战。军事博物馆也藏有这一模型，式样与书中所绘一般无二，有两排火箭发射架，并且也配有火枪。于是我们最终观赏到的是满满一排、全套独轮车火箭发射架，其中六七架排成一列。

火药、火器与修道士

问题于是出现了：它们是如何流传到西方世界的呢？此事必定发生在13世纪下半叶的某一时期，对此我们有绝对把握。蒙古军队恰恰在那一时期，在拔都可汗[14]率领下大举进犯东欧。然而看似荒谬却的确属实的是，并非蒙古人把它们传到欧洲。到后来，尤其在忽必烈[15]夺取天下的战争中，蒙古人的确格外重视火药的威力，但此前，在公元1241年这群游牧射手、马术大师在列格尼茨[16]一役（battle of Liegnitz）中彻底击溃欧洲骑士团的时候，火器发展还未臻完美，无法应用于骑兵作战。手枪、卡宾枪和左轮手枪则是更晚时代才诞生的。因此以我看来，真相极可能大异常规忖测。

让我们权且回顾一下战火纷繁的13世纪。蒙古民族日渐强盛，首先吞并了花剌子模[17]国的大片土地，而后在1234年覆灭大金国女真族[18]政权，1236年蒙哥可汗[19]长途跋涉西征亚美尼亚。次年俄罗斯梁赞城[20]陷落，蒙古人进而攻打波兰。1241年列格尼茨之战大胜的同时，蒙古军队围攻布达佩斯，是年窝阔台[21]战死，十年后蒙哥可汗再次率军攻克此城。1253年前后，卢布鲁克（William de Rubruquis）[22]等圣方济各会修士踏上了前往位于喀喇昆仑[23]的蒙古宫廷的征途。与其称他们为传教士，毋宁称作外交使节。他们肩负重任，要请来蒙古援军抵御法兰克基督徒的宿敌——穆斯林。这是夹击策略的经典案例，与位于当前敌军背后的国家结盟，再调动友军或潜在友军与己方形成夹击之势。人们肯定会花大量时间了解，这些圣方济各会修士在蒙古与中国大地上漫游的时候，究竟是如何看待火药和火器的。尽管关注这类问题与他们的惯常行为大相径庭，但他们肯定感到有责任把这些知识与技术带回欧洲，以便在打击异教徒的战争中保障基督徒的生命安全与统治力量。此念一生，修士行动时就比以往更需要近距离观察火药与火器。甚至可能有人曾带回一位中国炮手，此人既熟知过去六七百年间形形色色的军械设备，也精通最新的发明，并且不介意到异国他乡谋求发展——不过此人名不见经传，无人知晓。

夹击策略取得了意想不到的空前胜利，只不过事实上蒙古人并未与基督徒结成同盟，而是独立为自家赢得此役。征服波斯之后，他们又进而攻打波斯湾彼岸的伊拉克，并于1258年攻克巴格达。时隔不久，蒙古伊利汗国（Mongolian Ilkhanate）[24]以伊朗为中心宣告成立，并且建立了马拉加天文台。此后便有了第二种可能的传播途径：列班·巴·扫马（Rabban Bar Sauma）[25]和他的一位同伴的欧洲之行。很久以前华理士·布奇（Wallis Budge）[26]就已把他们的事迹由叙利亚语翻译过来了。这两位年轻人都是中国景教教徒，在北京出生并接受教育，他们发愿前往耶路撒冷朝圣。两个人都未能到达目的地，但他们的确穿越了古代世界的所有领土，直到其中一人打道回国。在大不里士（Tabriz）或者波斯的某个地方驻留时扫马的朋友出人意料地被选为当地主教，以至整个聂斯脱利教派的大主教，因公务缠身他只得永远留在当地；不过扫马继续西行，他造访意大利时在罗马受到了热情款待（没人提出宗教教义问题为难他），后来到达法国波尔多，在英格兰国王驾前举行了礼拜仪式。最终他一路顺风回到中国。这次朝圣之行的初衷或许也是出于政治目的，或者说部分原因如此，可能他们希望西方世界能出手协助大宋抵御蒙古军队；即便果真如此，其成功的希望也很渺茫，不过这一次恐怕又有神龙见首不见尾的中国炮手与这两位教士同行，于是再次把他的所知所学双手奉上，任由欧洲有识之士继承过去。

长途行商与火药西传

13 世纪不仅有圣方济各会修士和聂斯托利传教士，还有更广为人知的长途行商，其中最负盛名的当数马可·波罗（Macro Polo）。在他那部名为“百万”的游记（*Il Milione*，即《马可·波罗行纪》）中，他信誓旦旦地说中国的江河里有数以百万条船舶，杭州城里架设着数以百万座桥梁——他基本上并没有言之过甚。他最终在 1284 年告别中国，这是历史上具有关键意义的一年。他在忽必烈可汗驾前为官二十载，有时身负秘密使命，但更多时间里主持盐务，后来由海路陪伴一位即将远嫁中东的中国公主离开中国。或许这一剧情更加适用于我们脑海中设想的那位远走他乡的中国炮手，然而不巧的是，这时已为时太晚，火药的配方（用回文构词法书写）分别由圣方济各会修士罗杰·培根（Roger Bacon）和多明我会修士大阿尔伯特（Albertus Magnus）[27]传入了欧洲。马可·波罗并非13世纪唯一到过中国的意大利客商，还有弗朗西斯科·佩戈洛蒂（Francesco Pegolotti）[28]，他著有一部如何往返中国、类似于旅行指南的书；此外扬州城里有一处专供欧洲客商与他们的妻子安居生活的聚居地；更不必说还有那位在喀喇昆仑为大汗效力的著名法国工匠纪尧姆·布歇（Guillaume Boucher）[29]了。因此火药西传的机会很多，可能就是从那时开始。1368年朱元璋夺取帝位，称霸天下，但是如果说火药是在这时才传到西方的也未免太迟了，因为欧洲人早在1327年就已然鸣响了隆隆炮火。

想象中国炮手西来欧洲的鼎盛时代更可能在1260—1280年，也就是突火枪和真正的大炮在华夏大地蓬勃发展的年代。希望进一步深入研究能够给予我们更多启示。同时探讨火药西传的历史环境，或称之为同期背景也必然成果斐然。通过辛勤研讨，我们得以辨别历史上一段显著的“群体传播期”（transmission clusters），当时多种重要的发明和发现同时来到西方。例如12世纪，指南针和吊轴舵伴随其他几种发明一起传到西方；14世纪时随冶铁用的鼓风高炉和桨叶西来的还有另几种发明。至于13世纪哪些事物和火药一同西传，还有待进一步研究。

火药用于民间及战争

接下来，还有一点仍需提及——或许这已是老生常谈、陈词滥调，抑或是俗语俗谈、虚假印象。反观人类所了解的最古老的化学爆炸物，不仅在战争中起了难以估计的重大作用，对和平时代的各种技术行业发展同样具有无可胜言的重要意义。幸而如此，我们整个课题中的那一点阴暗色彩方才得以消减。如果没有炸药，现代文明所必需的众多矿业产品将无法实现；如果没有炸药，河道、运河、铁路、公路，各种交通线路所需的路堑、隧道将难以竣工。正如莎士比亚所言："从地下掘出如此恶毒的硝石"，被用来大批屠杀身穿林肯绿[②]、挽大弓、佩长剑的勇士，"是多么令人惋惜啊"！然而莎翁从未找到机会与工业革命时期的工程师促膝一谈，在这些人心目中，炸药以及近代化学的成果——烈性炸药的价值则全然不同于莎翁的见解。故此我们必须更公允地看待炸药的开发，不能只为其在硝烟战火中的杀伤力目眩神迷。如今这句陈词滥调在国外仍然时有耳闻，说中国人尽管发明火药，但中国人

---

② 译注：指黄绿或棕绿色的呢子，此呢原产林肯郡，故名。

从未将火药用于战争，只不过用于制作烟花爆竹而已。此话往往蕴含着一丝高高在上的语气，暗指中国人头脑简单，此外又饱含羡慕之意。这些想法源于18世纪的“中国热”，欧洲思想家早就有这种印象，认为中国是由一些仁慈的圣贤所统治。而中国军队确实始终恭听文官调遣，至少理论上确实如此。就如“二战”中英国科学家的地位一样，他们理应“随时听令而非发号施令”（on tap but not on top）。因此，这句老生常谈本可能是对的，然而事实往往并非如此。

即使我们把那次成功取得火药配方的实验（尽管当时配方硝酸钾含量较低）年代定于800年至850年间，然而据我们所知，这种混合物最晚在919年就已用在火焰喷射器上做导火索，而950年，火箭填料的火焰喷射器已然在战争中大显神威了。当然这种火药必定也用于制造烟花爆竹。就我们所知，历史上还没有充分记载中国烟花爆竹发展的文字，唯有18世纪时钱德明（J. J. M. Amiot）[30]曾做过某些记录，此外当代学者冯家升[31]做了更为大量的整理工作。然而，无可置疑，隋唐时期，烟花技术大放异彩，火球飞溅，五色斑斓，故此可以说用作火箭填料的火药一旦实验成功可应用于烟花表演，肯定立即便付诸实用了。同时我们还注意到，直到五代时期火药才真正发挥所长，成为军事武器。约1000年的宋初，人们就已着手把半爆炸型火药填入炮弹，装在抛石机（或称投石机）上凌空发射出去；抛石机是一种基于杠杆和吊索制造的早期大炮。当然还有人工投掷的榴弹，不过这并不意味着烟花爆竹从此裹足不前。实际上就如 1584 年钱德明等耶稣会士来到中国时所见所闻一样，中国的爆竹的确不同凡响。于是火药在军事与民用两大用途上肩并肩、手挽手共同进步直到今天。

谈到最后，或许又要提及中国古代是否曾经用前工业化的方式使用炸药的问题。术语的界定又给我们带来了一个难题。在古代人们就已用火开矿和进行工程建设，即利用热能粉碎石块以方便运输。故此很可能工程中实际用到的就是火药，尽管当时技术也不过是点火而已。《明书》有载，曾有某位官员派遣火工清除礁石，以利航道畅通无阻。因此，这一问题需要更加细致的研究。

总　结

最后，关于人类史上化学合成的第一种炸药的发展，还有两点需要说明。首先，火药的发展不能单纯视作技术成就。火药并非手艺人、农夫或者石匠的发明，而是源自道家炼丹师晦涩难懂、却自成体系的研究。称之为“自成体系”是经过深思熟虑的，因为尽管 6—8 世纪时，炼丹师没有现代理论可供遵循，但并不意味他们全然没有理论根据。恰恰相反，何丙郁和我已然阐明，到唐代时各类化学亲和力理论已趋完备，某种程度上让人不禁联想起亚历山大时代的原始化学家提出的物质间的亲疏理论（sympathy and antipathy），只不过中国理论较之更为先进，没有那么强烈的万物有灵论色彩。事实上，有了这些理论，我们的确可以展望18世纪欧洲化学家绘制出亲和力图表的情形了。

希腊化时代的首批原始化学家对黄金伪造以及各种各样的化学和冶金学变化极有兴趣，但并未刻意追求炼制使人长生不老的灵丹妙药“哲人石”，他们的著作收录在《希腊炼金术全集》（*Corpus Alchemicorum Graecorum*）里。我们有充分理由相信，中国炼丹术的基本思想，即那些自创始以来就企图探求长生奥秘的思想，是途经阿拉伯世界和拜占庭最后才来到拉丁语占领的西方世界的。严格来说，若非阿拉伯人的贡献，我们根本无法谈论炼金术问题；而且，甚至有人声称“*chemia*”一词（即阿拉伯语 *al-kīmīya'*）以及其他一些炼金术语都脱胎于汉语。

许多汉代化学实验仪器一直流传至今，例如有一对凹角执柄的青铜容器，很可能就是用来提纯樟脑的。某些蒸馏仪器，就如方才举例所示，都具有典型中国特色，与西方同类仪器迥然不同。你不必费神就可以想象出这样一幅场景：道家炼丹师把木架上的所有药品都取下来，尝试着以不同的排列组合混合在一起，看它们有何变化——看是否可以偶然地配制出长生不老药来。事实上大约早在500年陶弘景[32]生活的时代硝酸钾就曾被认定为灵丹药剂，并且分离出来。总而言之，最初人类寄望于长生不老，故而对各种品类的有机物、无机物的化学性质与药物性能进行了系统探索，在此过程中才配制出第一份炸药混合物。道士的收获并不在此，但其本身对人类同样大有裨益。

其次，亦即最后一点，火药时代还有另一项足以摧毁社会的发现，中国尚可从容应付，但在欧洲它却产生了翻天覆地的影响。自莎士比亚时代以后几十年，乃至几百年，欧洲历史学家一直把14世纪首次火炮齐鸣视作敲响了封建堡垒、乃至西方军事贵族封建社会的丧钟。而今再喋喋不休地描述此事恐怕就太令人乏味了。仅在1449年，法国国王的炮队就在英国主宰下的诺曼底地区的城堡之间作了一番巡游，以每月攻克五城的速度捣毁了一座又一座城池。此外火药的威力不仅局限于陆战，在海上争霸中也产生了深远影响。就在那一时期，他们还瞄准地中海上用奴隶划桨的单层甲板大帆船，并给予致命一击，因为那些帆船上的炮台不够平稳，不足以支撑舷炮齐发。

在此，还有一条并未广为人知的史实颇值得一提：在13世纪，即欧洲首次出现火药之前，另一项技术的进步令火药的出现相形见绌，它历时短暂，但同样严重威胁着哪怕最牢固的城墙的安全。它就是装有配重平衡的抛石机。这是一种产自阿拉伯的抛射装置，称作炮，或者火炮，极具中国军事艺术色彩，与亚历山大时期的扭转或弹射装置以及罗马时代的弩炮毫无相似之处。它形如一根简易杠杆，长臂一端连结一只吊索，短臂一端连结一根绳索由人操纵。这就是前文提及的与宋代首创的炸弹息息相关的抛石机。

就社会意义而言，中西方对比格外引人瞩目。火药粉碎了西方军事贵族统治的封建社会；而火药问世后五个世纪，中国官僚主义封建社会的基础架构与发明前几乎毫无二致。我们可以说化学战诞生于唐代，但直至五代和两宋时期才广为军用，而真正证实其存在价值的还要算12—13世纪宋人、金人以及蒙古人之间的战争。大量例证表明，农民起义军充分利用了火药，它海战陆战皆宜，平原对垒、围城攻守均为所长。然而中国没有重甲骑士兵团，也没有贵族的或庄园的封建城堡，这种新型武器仅仅弥补了已有武器装备的不足，并未对由来已久的文武官僚机构产生丝毫影响，而每一位新的外来征服者都会接手这些机构为己所用。

【注释】

1 曾公亮（998-1078），军事百科学者，其作品《武经总要》于1044年问世，记载了世界文明中第一例火药配方。

2 赞宁（919-1001），佛教僧人，科学家、化学家和微生物学家。

3 路易斯·巴斯德（1822-1895），科学家、化学家和微生物学家，细菌学的奠基人。

4 约瑟夫·李斯特（1827-1912），英国外科医生，引入了抗菌法。

5 支法林，来自中亚的僧侣，约生活于664年前后。

6 孙思邈（581-672），隋唐时期杰出的炼丹师，著有《千金要方》。

7 赵耐庵，唐代炼丹师，生活于800年前后。

8 查尔斯·梅因沃林，17 世纪英国炮手。

9 诸葛亮（181-234），蜀国军师，三国时期著名将领和谋略家。

10 刘基（1311-1375），技术将领，协助朱元璋平定天下。

11 焦玉，约生活于 1345-1412 年，炮手，军事技术作者，帮助朱元璋平定天下。

12 焦勖，明末清初的炮手、军事技术作者。

13 儒勒·凡尔纳（1828-1925），法国小说家，早期科幻小说作家，主要作品有《环游地球八十天》（*Around the World in 80 Days*）、《地心游记》（*Journey to the Centre of the Earth*）等。

14 拔都可汗，死于 1256 年；1237-1242 年率蒙古军远征俄罗斯、波兰和匈牙利。

15 忽必烈（1216-1294），于 1259 年其兄蒙哥死后继位为"大汗"，是中国第一位蒙古族君主。

16 列格尼茨（Liegnitz），位于布雷斯劳（Breslau）西北 45 英里。

17 花剌子模，咸海南岸的一个国度。

18 金（1115-1234），女真族建立的政权；女真人祖居阿什河流域（Armur River），属通古斯民族。

19 蒙哥，忽必烈的哥哥，死于 1259 年。

20 梁赞城（Ryazan），位于俄罗斯中部，莫斯科东南。

21 窝阔台，1229-1241 年间执政，成吉思汗的第三子。

22 卢布鲁克，约生活于 1228-1293 年间，是圣方济各会修士，1253 年被法王路易九世派往蒙古宫廷为王子萨塔布道。

23 喀喇昆仑（Karakorum），蒙古宫廷所在地，现在蒙古国境内。

24 汗国（Khanate）这个词是阿拉伯人用以表达对蒙古大汗的崇敬之情的，尽管他是异族首领。

25 列班·巴·扫马是维吾尔族景教传教士，生于北京，13 世纪时西游欧洲。〔按：景教是 5 世纪君士坦丁大主教聂斯托里创立的教派。〕

26 华理士·布奇（1857-1934）是埃及学家，以埃及和古代近东地区为主题著有多部著作。

27 大阿尔伯特（1193-1280），一位博学多才的多明我会修士，曾在科隆和巴黎宣讲亚里士多德学说，是西方中世纪科学界领袖之一。

28 弗朗西斯科·佩戈洛蒂，佛罗伦萨一间大商号的代理人，他从其他商人那里收集有关商路的消息和知识，汇集成书，于 1340 年出版。

29 纪尧姆·布歇，生活于 1250 年前后，生于巴黎，是一位金匠和机械师，效力于蒙古大汗。

30 钱德明是一位耶稣会士，对科学技术饶有兴趣，1774 年教皇解散耶稣会时来到中国。

31 冯家升，当代杰出的技术史家。

32 陶弘景（451-536），著名道家炼丹师和内科医生。

第三章　长寿之道的对比研究

炼金术与长寿法

从弗朗西斯·培根（Francis Bacon）开始，科学史家就认定近代化学起源于古代和中世纪时期的炼金术，这一论点在罗伯特·波义耳（Robert Boyle）[1]、安托万·拉瓦锡（Antoine Lavoisier）[2]、约翰·道尔顿（John Dalton）[3]、尤斯图斯·冯·李比希（Justus von Liebig）[4]等人的著作中可见一斑。炼金术的成果虽然各不相同，但是在这一过程中，大量仪器得以发展，大量关于物质性质的知识得以进步。人们通常认为原始化学首创于公元前2世纪至公元6世纪间，在希腊化埃及的亚历山大城。那是伪德谟克利特（Pseudo-Democritus）[5]、佐西默斯（Zosimus）[6]和奥林匹德罗斯（Olympiodorus）[7]的劳动成果，用希腊文记载流传至今。他们的作品收入了《希腊炼金术全集》，该书共三卷，其中多有类似残稿。

然而，未能广为人知的是，中国在较早时也有可与之相提并论的传统，依据现存文本可以追溯到公元前4世纪中叶。例如，邹衍先于曼德斯的博卢斯（Bolus of Mendes）[8]，李少君先于伪德谟克利特，葛洪与佐西默斯、孙思邈与亚历山大时期的斯特法努斯（Stephanus）[9]时代相近。但是，希腊化时期的亚历山大与秦汉时期的中国，这两种传统截然不同。前者致力于"点金术"（aurifaction）研究，坚信从其他物质中可以炼制出黄金；而后者则沉迷于"长寿秘诀"（macrobiotics）的探索，即相信灵丹妙药可以使人长生不老。无可置疑，正是具有中国特色的神仙不死的思想让人们滋生出这种想法，这是其他文明中所没有的。"长寿法"（macrobiotics）一词来源于希腊文，希波克拉底（Hippocrates）有句名言，他说生命短暂而艺术永恒（*ho bios brachys, hē techrē makrē*），于是"macro"加上"bios"就构成了"macrobiotics"，意指长寿的艺术。另有一个由拉丁语派生而来的词语"prolongevity"与之意义相近，但我们更乐于采用"macrobiotics"这个词。

除此之外，中西方文明中都产生过"伪金术"（aurifiction），即利用价值低廉的物质伪造黄金、宝石等珍贵物品。在这一领域，中国人再次遥遥领先，早在公元前144年中国皇帝就已明诏天下，严禁伪造黄金；而西方直到293年，才有一位罗马君主戴克里先（Diocletian）颁布了与之相当的法令。当然这些传统工艺并非全是欺瞒众生；中世纪早期，拉丁语主宰的西方世界继承并发展了这种工艺，然而法兰克人和拉丁民族对中世纪化学其实一无所知，直至 13 世纪末罗杰·培根时代才渐渐有所了解。

长生不老思想西传

无可置疑，长生不老的思想是经由阿拉伯炼丹师居中传递才最终流传到欧洲的。“*Aliksir*”本身就是阿拉伯语词汇，既指人类服用的药品，又指金属实验药品，不过中文里相应的词汇听来更为有理。于是当纯指点金术的“哲人石”（philosopher’s stone）一词又增添了长生不老药的内涵后，就为欧洲 16 世纪的以帕拉塞尔苏斯为首掀起的医药化学运动扫清了前进的道路。许多化学家和生物化学家，包括我本人在内都认为，尽管帕拉塞尔苏斯曾有过许多不切实际的观点，但他还是有资格跻身近代科学先驱之列，堪与伽利略（Galileo）、哈维（Harvey）相提并论。他最著名的论断就是：“炼金术不是为了制造黄金，而是为了炼制治疗人类疾病的良药。”于是近代科学发展早期，李少君和葛洪倡导的思想得以重新发扬光大。

毋庸置疑，古代世界确实存在着“跨亚洲”的连续性，在公元前 320 年亚历山大大帝征服天下后得以飞速发展，而公元前 110 年张骞的外交和贸易之行，又进一步推动了这一连续性。米堤亚人奥斯塔尼兹（Ostanes the Mede）就是这一连续性的化身，因为伪德谟克利特的老师，以及其他许多希腊化时代的化学家或原始化学家都声称他是波斯人，因此东方文化的影响一定是途经伊朗才传入希腊化世界的。

也许我们永远探寻不出究竟是什么途径将邹衍和曼德斯的博卢斯、伪德谟克利特连在一起；我们力所能及的只有加深对双方的了解。伪金术（aurifiction）与点金术（aurifaction）很可能本是互不相干的两种课题，东方集中在长安，西方集中在亚历山大城。我们不了解两地之间有何相互影响，但无疑确有一些思想传到了西方，比如“chemeia”一词的来源或许就是一例，它的意思是“炼金术”（goldery），曾令丝绸之路的客商兴奋不已。希腊文中找不到与“chemeia”意义完全对应的词汇，我们联想到词根“chem”来源于中文里的“金”字的发音，根据各地不同方言可以读作“chin”、“kim”、“kem”或者“gum”，正是出于这一联想我才谈到“炼金术”。另一种来到西方的思想有关元素性质的爱憎，它强化了化学反应中阴阳性质嬗变的概念，将其视作万物起源。或许还有阴阳投射思想也一起传到了西方。而神仙可以长生不老的基本思想却没有一同西来，直到一千二百年后，西方人才渐渐相信服用灵丹妙药可以延年益寿。这是因为当时欧洲更需要与之迥异的末世学（eschatology）[①]，而且中国炼丹术强调时间观

① 译注：末世学是指宗教中研究死、末日审判、天堂和地狱的学问。

念，这在西方人心目中难以产生共鸣。那时人们根本不相信矿物与金属具有医疗价值，更不可能相信《易经》里阐述的自然力体系，只有到现当代才能流传国外。与之相类，希腊原始化学的动机在于死而复生，“第一元素”（*prima materia*）的观念也没能传到中国。但是蒸馏提纯的想法却很可能在中国找到了市场，不过顶多是一种“刺激扩散”（stimulus diffusion，按：文化扩散的一种类型，指某种文化现象受某种原因而无法在另一地存在，不得不将原文化现象做某种程度改变，使其适应当地存在，得到传播），因为中国的蒸馏设备毕竟与西方的大相径庭。如果用生物学来类比的话，那么西方重视的是发酵（fermentation），而中国强调的则是发生（generation）。

无论如何，双方毕竟还存在共同认识。譬如双方使用的大多数化学试剂（硫磺、水银，以及各种盐类），就是相同的；实验时都把“气”看成类似于希腊咒语（*anathumiasis*）一般的东西，还有许多类似的自然界的变化作用，双方见解都是相同的。最终还有一件有趣的事实，即希腊化时代的埃及原始化学家和中国的炼丹师都不太重视原子理论，而是把它留给希腊化时代的罗马哲学家、印度学者以及佛教徒去探讨。双方的沟通方式存在缺陷，有待完善；但又有人争辩说，双方之间根本不存在知识的交流，甚至没有沟通所学的意愿。依据我们已经掌握的材料判断，这一论点根本站不住脚。

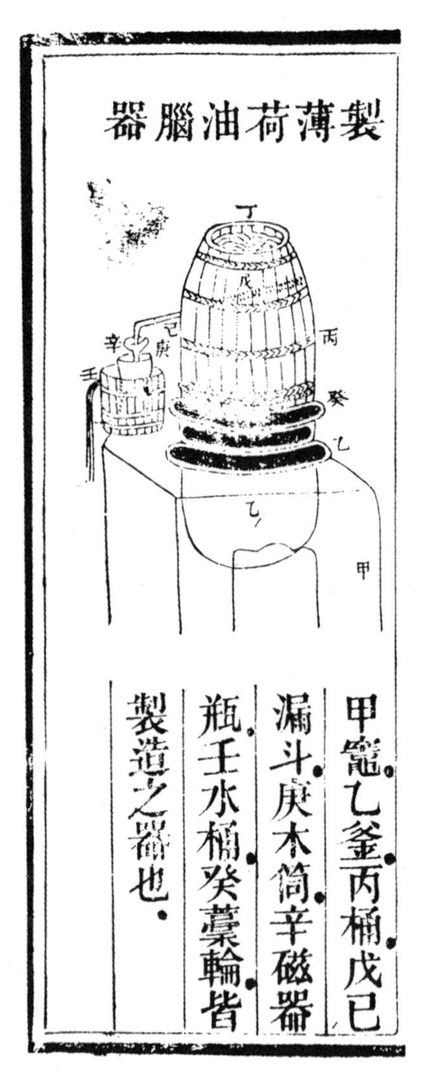
製薄荷油腦器

甲竈。乙釜。丙桶。戊已漏斗。庚木筒。辛磁器瓶。壬水桶。癸藁輪。皆製造之器也。

图十三：中国传统蒸馏仪器。取自《农学纂要》

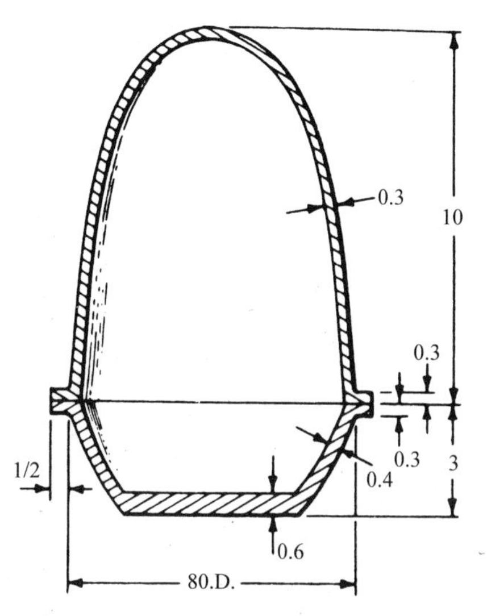

图十四：孙思邈所制梨形反应釜的推测复原图，约制于 600 年

635—660 年间，阿拉伯沙漠里的部落民族在先知穆罕默德（Muhammad）激励下决心甩掉贫困，追求富足生活。他们涌向具有悠久文化历史的周边地区，于是一个崭新的文明，伴随其特有的语言和文化特色诞生了。就如我们所了解的，这个文明注定要继承多数希腊化时代的科学技术成果，在适当时机下传到拉丁民族主宰的西方世界。这是一个吸收、充实和区域转移的过程，正是由于伊斯兰人不仅占领了近东与中东地区，还占领了北非和西班牙，才使这一历程得以顺利进行。可以说其文化疆域一直延展到了东方，与印度和新疆边境接壤，东边最远达到罗布泊，并覆盖了乍得到里海之间的所有地区。由此不难理解，希腊

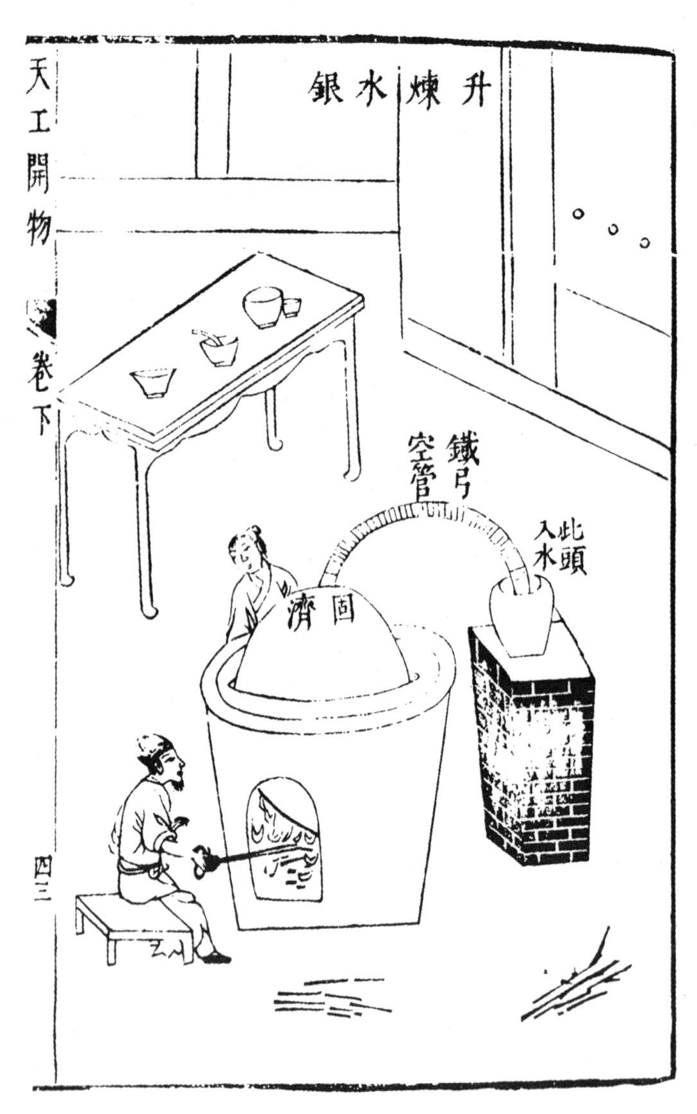

图十五：用曲颈釜提纯水银。取自《天工开物》（1637 年）

化时代的知识长河并非唯一注入伊斯兰文明湖泊的河流。她同样兼容了波斯和伊朗的传统，于是来自印度和中国的文化影响便浩浩荡荡、源源西流。当阿拉伯文明自身也开始关注化学问题的时候，就为希腊化世界的原始化学领域平添了无数新葩。

阿拉伯炼金术

实际上，直至 9 世纪阿拉伯的炼金术才真正开始。19 世纪末找到的一份证据可以说意义匪浅，其中详细记载了一位阿拉伯使节在拜占庭亲眼目睹的“点金术”过程。这位使节名叫乌马拉 · 伊本 · 汉扎（Umara ibn Hamza）[10]，772 年他受命于国王卡利夫 · 曼舒（Caliph al-Mansur）[11] 出使国外。在拜占庭皇宫内院的秘密实验室里，他列席观赏了一次展示，亲眼目睹一种白色试剂将铅变化成银，一种红色试剂将铜变化成金。故事是 902 年前后一位来自哈马丹的伊本 · 法奎（Ibn al-Faqih）[12] 口述的。他的结论是：正是这件事激起卡利夫对炼金术的兴趣。我们找不出什么特别的理由不予置信，但第一项真正诱发阿拉伯人的好奇心的化学实验是否就是这次点金术表演却令人心生疑窦，因为至少就我们所知，人类很早就开始探索长寿之道，而且发源于地球的另一端。对长寿的研究来自于东方，来自于中国，我们知道早在 690 年巴士拉等地的居民就已开

图十六：沉铅结银图。取自《天工开物》

沉鉛結銀

图十七：利用铅将银和铜分离开来的熔离过程，然后用灰吹法提炼。取自《天工开物》

分金爐清銹底

始谈论长生不老药的问题了，这对于阿拉伯文明而言是一个古老的年代。阿拉伯炼金术达到全盛时期时，如潮水一般涌现了大量书籍和文章，它们都归在贾比尔·伊本·哈扬（Jābir ibn Hayyān）[13]名下，成书年代可确定为9世纪下半叶至10世纪上半叶之间。这位贾比尔先生给我们带来了许多麻烦，大家或许知道，拉丁民族中还有一位"加伯"（Geber）先生，我们曾一度猜测"加伯"是"贾比尔"的译音，但如今已知完全不是这回事。加伯于13世纪末，约1290年前后开始用拉丁文创作，二者之间毫无关联。没有任何迹象表明加伯的作品译自阿拉伯文字，而且其中大量内容贾比尔并不了解，故而两部作品毫不相干。贾比尔的著作最终汇集成为一部形式类似于《道藏》的全集，全书约有一千四百卷。这部全书实则是由许多具有同样哲学观点的作者共同创作而成；没有一册早于850年，全套作品约在930年前后结稿。是否确有贾比尔·伊本·哈扬其人尚待商榷，但如果史学界接受了这一人物的存在，那么他生活的年代距离720—815年不会太远，或许再晚几十年。此外，现存的这些书册是不是他亲笔撰写的，也仍然是件未了公案。

回首阿拉伯当年的炼金术，你会发现自己置身于一片完全异于希腊化时代原始化学的天地，尽管希腊文化的影响无处不在、根深蒂固。扼要地说，化学研究不再以伪金术和点金术为主，那是因为在历史画卷中，中国长寿之道与化学疗法是如此的引人注目。随之出现了大量生物学产品和物质，它是药物学更关心的问题，与医学有更紧密的联系，同时也是一切生命现象研究的当务之急。理论的角色也更为重要了，因而尽管阿拉伯炼金术的理论框架往往基于武断的假定，在今天看来简直不可思议，但阿拉伯炼金术仍然比希腊化时代的原始化学更为精确、更合乎逻辑。

元素平衡

在此，我们没必要深入探讨贾比尔炼金术的问题，只能说他借鉴了亚里士多德的冷、热、干、湿四大原则，把这些视作构成万物的实质性元素。他确信物质兼有内在与外在属性——譬如金这种物质，外部潮湿温暖，而内部干燥寒冷。将一种物质转变为另一种物质时，比如变银为金，只需引发二者之中较为低贱的金属的内在属性，将之表现到外在即可。通常而言，每一种化学变化都取决于外部与内部的基本元素的混合物（拉丁文为 *krasis*，阿拉伯人称之为“*mizaj*”）。他们认为金的基本元素比例极端平衡，所以如果人体基本元素的混合物（*mizaj* 或称 *'adal*）也可以达到完美平衡的话，此人就可以长生不死，羽化登仙，就永远不会涉足阴间乃至尘世之外的任何世界。阿拉伯人坚信，这种人当然就是圣书的子民（People of the Book）。

改变元素比例的平衡状态，通过元素嬗变将一种物质转换为另一种物质的药剂非万应灵药（*al-iksir*）莫属，其中又有一种药效力最高。它们能够中和其所盈、补充其所不足。

源于中国的影响

同时，贾比尔的阿拉伯炼金术之所以比希腊化时代的原始化学先进，还因为其分类方法更加清晰合理。例如，他们记载了五种“精神”（spirit，即易挥发物质）、七种金属以及大量可研成粉末的矿物，包括矾类、硼砂、盐类、石类等等。在这一方面阿拉伯人超越了希腊人，因为在经典的硫、汞和砷这一类易挥发物质中又增添了一个新成员——氨，其存在形态是氯化铵。事实上，阿拉伯人遗留的著作中自始至终就以了解和使用氯化铵（*nushādir*）和碳酸铵（*mustānbat*）为特色，前者是来自中亚的天然资源，后者则是用毛发和动物身上的其他物质干馏而成。不管怎么说，这些知识学自中国是铁一般的事实，因为天然氯化铵产自新疆，尤以火山地带最为丰富；而且是中国人向阿拉伯人介绍了硇砂（按：即氯化铵）的知识。两种语言中氯化铵的名称听来也是如此相似，以至于我们可以断言阿拉伯语的“*nushādir*”就是来源于“硇砂”的中文读音。

在阿拉伯文明兴盛的几个世纪里，实验仪器也得到一定发展，此外已知盐类又添新丁——即硝酸钾或称信石，即硝石。它是阿拉伯人从中国学来的第二重要的物质；即如所见，在发明与利用人类所知的第一种化学爆炸物——火药中，硝石是具有决定意义的基本元素。

谈到易挥发物质，阿拉伯的炼金术士们开始形成一种观念，认为各种金属都是由硫磺（*al-kibrit*）、汞（*al-zibaq*，或称硫珠）以不同比例化合而成，并且埋在土壤深处年深日久之后才自然形成的。现有汉语文本中，虽然仍然找不到关于金属都是由硫磺和汞构成的论述，但中国炼丹术中这两大元素无可比拟的重要地位恰恰表明这种想法起源于中国，对阿拉伯炼金术士具有深远影响。

阿拉伯文本中载有各种各样有趣的文字，暗示所记述的事物来源于中国。例如，先哲穆罕默德曾有大量圣训（*hadith*）流传于世，其中一段言道："求知识于四海，哪怕远在中国。"此后奈丁（al-Nadīm）[14]在《群书类述》（*Fihrist*）一书（987年）关于炼金术的部分中写道：

> 我，穆罕默德·伊本·易司哈格（Muhammad ibn Ishag）最后必须补充说明：研究炼金术的书籍卷帙浩繁、涉猎广泛，难以全部记录在案，并且不同作者还在不断重复写作这些内容。埃及的炼金术作者和学者为数众多，以致有人说该国才是科学诞生之地。设有实验室的庙宇坐落在那里，犹太女子玛丽（Mary the

Jewess）也曾在那里工作。但又有人或曰对这种技艺的探讨起源于第一批波斯人，或曰是希腊人率先投入类似实验，又或曰炼金术源于中国或者印度。“唯有安拉知道事实真相。”

故而这一时代里，无论希腊化时代的原始化学的影响如何巨大，想来不仅伊朗文化产生过炼金术，东亚各文明也必然都产生过这种技术。那么，此后发现赫尔墨斯其人居然也被视作中国居民就不那么令人诧异了。12 世纪一位西班牙籍穆斯林伊本·阿法拉斯（Ibn Arfa'Ra's）[15] 在一封匿名信中写道：

赫尔墨斯真名叫埃纳（Ahnu，又名伊诺克［Enoch］）。据《黄金粒子》（“Particles of Gold”）一文作者指出他居住于中国北方，文中还说赫尔墨斯在中国大地上照管矿业开采，而阿雷斯（Ares，极可能就是霍拉斯［Horus］）探究出了如何保护矿业工作区免遭水灾的方法。阿雷斯居住在中国南部，是第一批来到印度定居的人。此外还说埃纳（愿他安息）走下高原、而至低地，而至印度，最后沿锡伦迪布（Serendib，即锡兰［Ceylon］）的一条河谷逆流而上，终于来到亚当（愿他安息）繁衍生息的那座岛屿的山上。他因此找到了一座大山洞，命名为珍宝洞。

这封匿名信的有趣之处不仅在于它融汇的特征，而且信中提及了氯化铵和“倍增”（*diplōsis*）工艺（通过将黄金与贱金属熔合达到稀释黄金的目的，这是希腊人喜闻乐见的化学过程）。而后稍晚时候又发现了一部早于贾比尔时代的密传（apocryphon），书中记载着拜占庭皇帝狄奥多西二世（Theodosius）与一位据说来自中国南方的炼丹内行霍拉斯（Horus）之间的一番探讨。“北方”（upper China）与“南方”（lower China）之说与马可·波罗时代的契丹（Cathay）与蛮子（Manzi）有何联系恐怕尚待思索。

化人——化学的鼻祖?

另一项与化学发明相关的著名文化交流是由一位名叫“化人”的中国人完成的。拉什德·丁·阿尔哈姆达尼（Rashid al-Din al-Hamdanī）[16]在1304年完成的中国史著作中谈到周穆王时代传说中的御车者造父的辉煌业绩，而后写道：“当时有一个人名叫化人，他开创了化学科学研究，对毒药知识无所不知，可以瞬息之间变换自己的外貌。”文中暗示化人其人只可能是中国人。要想清晰了解拉什德·丁的资料，必先了解两件事：其一，他和他的助手曾经得到过两位中国佛医的帮助，一位名叫李达池（音译，Li Ta-chih）[17]，另一位名字不详；其二，他依据的是中国史学著作中一种鲜为人知的流派——从佛教角度出发进行的综观，将佛陀、阿罗汉、罗汉和菩萨的生活纳入儒家的俗世史框架之下。《历代三宝纪》是这类文献的第一部，成书于597年，作者是费长房[18]；但与拉什德的史著年代最为接近的要数僧人念常[19]的作品《佛祖历代通载》，成书于1341年。

书中谈到化人时说道：

> 穆王执政时西来一化人：可颠倒山岳，可使江河倒流，可移转城镇，可覆汤蹈火，可洞穿金石。此人变化多端、不可胜数。穆王以圣贤之礼待之，并筑中天塔供此人居住。此人相貌端严，具文殊、目连等菩萨之相。然而穆王不知此人恰是佛祖驾前亲传弟子。【《佛祖历代通载》卷三："王时西极有化人来，反山川，移城邑，入水火，贯金石，千变万化不可穷矣。王敬之若圣，筑中天台以居之。乃曼殊室利、目连等示相也。然王未知是佛弟子。"】

这段故事听来并不陌生，因为它不过是将《列子》第三卷开篇的部分浓缩提炼并进行了佛教改编，故而可以确定发生于公元前3世纪至公元4世纪间某一时间。历史上肯定没有化人其人，但化学工艺匠人并不具备如此细致的分辨能力，于是在当时他自然而然地成为艺术、手工艺和化学的保护神。

当然，《列子》等著作中所谈的“西极”并非意指欧洲或罗马帝国，而是传说中女神西王母治下的仙境，可能位于西藏或者新疆附近。周穆王曾经拜见过西王母，此举闻名于世、见诸史册。实际上，古书《穆天子传》所载的主要就是这个故事，此外《列子》一书中也曾提及此事。数百年既往，当真正的西方人，例如拉什德一行，终于知道有这样一段故事的时候，故事的所有情节都已荡然无存，而他们还认定这位化人确有其人，就是一位精通化学知识的中国人。我向诸位讲述这段故事的始末，是因为早在 14 世纪初西方人就对这个故事津津乐道。

中国与阿拉伯的交流

就此事我们可以进行多方研究，探讨中国与阿拉伯之间的关系。例如，人人都会注意到千百年以来，阿拉伯与中国之间进行过频繁的文化交流。可以看到许多伊斯兰世界的伟大学者都通过中国的周边国家进入中华文化区。尽管这些人在伊拉克或埃及的大都市里已经事业有成，但他们依然成为中国思想的接受者和传播者。

我们惊异地发现，早在 751 年怛罗斯之战（Battle of Talas River）以前二三百年，中国皇帝的政治势力已然波及锡尔河与阿姆河流域之间的花剌子模地区，一直到咸海的广阔疆域。许多诸如代数学家花拉子米（al-Khwarizmī）

这样的学者都来自这片领地——这从他的族名（*nisba*）就可以看出来了。有趣的是，他们肯定在中亚地区接触过中国思想。于是又出现一件工作大有可为：可以尝试在古老的丝绸之路上找出那些曾一度成为思想中转站的地点。我们无法在这里完成所有这些工作，但我愿意再讲述几则唐宋时期胡人商贾以及波斯和阿拉伯商人的小故事。当然，无论这些商贩来自埃及、伊拉克、伊朗还是中亚地区，他们大多是穿越了古代丝绸之路、跋山涉水才来到中国的，而且唐朝时外国人和舶来品风靡全国，因而他们的行踪并没有局限于广州这样的海滨港口城市里的外国人聚居区，中国境内也没有哪一个城市对胡商感到陌生。胡人女子多以舞蹈、仆役、表演为业；唐代雕塑中也能找到胡人马夫的形象，替唐朝君王管理马匹和骆驼。据说久居长安城就能见到当时所知的世界各国的使节。不仅可以碰到安息人、米堤亚人、埃兰人和美索不达米亚居民，还可以与朝鲜人、日本人、安南人、藏族人、印度人、缅甸人和僧伽罗人并肩同行——所有人都对世界的本性及其蕴含的奇迹有所贡献。要想了解中国人如何看待这些外来客，我们可以找出大量资料，因为幸运的是，977 年宋太宗下旨搜集民间野史、人物传说和短小故事，这是当时出版大百科全书和各种文献全集的整体计划中的一部分。这部书就是李昉编辑的《太平广记》，于 978 年问世。书中的记载究竟有多少是以史实为依据的，现在已经无法说清，可以肯定地说其中很大部分纯属虚构。不过目前这一点无关紧要，因为书中文字清晰地描述了唐朝与五代时期文人墨客眼中的胡商是怎样一副形象。

胡人往往对炼丹术和道家思想深感兴趣，善于辨别伪金术或点金术制成的黄金，并醉心于工艺研究，不仅如此，他们还极其关注长生不老药和生理炼丹术。因此，就像薛爱华（Edward Schafer）[20] 所说的那样，中国的胡商富足而慷慨，他们是穷困青年学者的赞助人，精通珠宝、矿藏和贵金属方面的知识，他们是奇观怪象的贩售者，从不缺乏魔法和神秘力量。那么我们就来看看其中的一两位吧。

胡人客商的有趣故事

806—816 年间的一篇记载中写道，有位名叫王四郎的年轻人精通化金之术，即制造伪金的技术，于是他赠给自己的叔叔一锭伪金解决了叔叔的财政危机。据说西方来的阿拉伯和波斯商人都争相购买这锭伪金。此物价格没有封顶，随王四郎所喜任意要价。【《太平广记》卷第三十五《神仙三十五 · 王四郎》引《集异记》：“洛阳尉王琚有孽侄小名四郎。……唐元和中，琚因常调，自郑入京，道出东都，方过天津桥。四郎忽于马前跪拜，布衣草履，形貌山野。琚不识，因自言其名。琚哀愍久之，乃曰：‘叔今赴选，费用固多，少物奉献，以助其费。’即于怀中出金，可五两许，色如鸡冠。因曰：'此不可与常者等价也。到京，但于金市访张蓬子付之，当得二百千。'……及至上都，时物翔贵，财用颇乏。因谓家奴吉儿曰：'尔将四郎所留者一访之。'果有张蓬子。乃出金示之，蓬子惊喜……又曰：'若更有，可以再来。'吉儿以钱归，琚大异之，明日自诣蓬子。蓬子曰：'此王四郎所货化金也。西域商胡，专此伺买，且无定价。……'"】另一则故事发生于746年，传说一位名叫段舁[21]的人在魏郡一家店铺里遇到一名客商。这名商人带有十余斤贵重药材，这些药有延年益寿之功，并可助人辟谷。其中某些药材极为罕见，但他还是每天赶集询问阿拉伯和波斯商人手中是否有货。【《太平广记》卷第二十八《神仙二十八·郗鉴》引《记闻》："段子（段舁）天宝五载，行过魏郡，舍于逆旅，逆旅有客焉，自驾一驴，市药数十斤，皆养生辟谷之物也。而其药有难求未备者，日日于市邸谒胡商觅之。"】于是在这篇故事中，胡人药商已经直接参与了和中国特有的生理炼丹术有关的生意。此外还有一位李灌的故事，一名波斯商人弥留之际赠之以宝珠，以答谢他的善良帮助，李灌收下宝珠后决定将此珠放入死者口中；多年以后当棺木重开时，人们发现由于珍珠尚在死者口中，尸体丝毫没有腐变。【《太平广记》卷第四百二《宝三·李灌》引《独异志》："李灌者，不知何许人。性孤静，常次洪州建昌县。倚舟于岸，岸有小蓬室，下有一病波斯。灌悯其将尽，以汤粥给之。数日而卒，临绝，指所卧黑毡曰：‘中有一珠，可径寸。将酬其惠。’及死，毡有微光溢耀。灌取视得珠，买棺葬之。密以珠内胡口中。植木志墓。其后十年，复过旧邑……发棺视死胡，貌如生，乃于口中探得一珠还之……”】

另一则故事是关于太白山上修习吐纳导引的卢姓、李姓两位道士。其中一位以点金之术发家致富以后，将一柄拄杖赠予另一位，说此物可在扬州城内的波斯商铺里卖个好价钱；事后证明此言不虚。【《太平广记》卷第十七《神仙十七・卢李二生》引《逸史》：“昔有卢李二生，隐居太白山读书，兼习吐纳道引之术。一旦，李生告归曰：‘某不能甘此寒苦，且浪迹江湖。’诀别而去。后李生知橘子园，人吏隐欺，欠折官钱数万贯，羁縻不得东归，贫甚。偶过扬州阿使桥，逢一人，草蹻布衫，视之乃卢生。……乃与一拄杖曰：‘将此于波斯店取钱，可从此学道，无自秽身陷盐铁也。’……波斯见拄杖，惊曰：‘此卢二舅拄杖，何以得之？’依言付钱，遂得无事。……”】显然，胡商遇到珍奇宝贝的时候非常识货。

接下来再讲讲杜子春[22]的离奇故事。据说，这个姓杜的年轻秀才整日里游手好闲、无所事事。一日他在长安城西方人市场里的一家波斯小百货店里偶遇一位奇怪的老人。他与这位老人非常投缘，于是从此不再受饥寒之苦，过着舒适富足的生活。然而时隔不久，他发现原来这位奇怪的老人有求于他，要他协助炼制一种长生不老药。有一幅画描绘的就是杜子春远走他乡，来到华山脚下、距长安城约十四里的地方。图中大厅里那位老人穿着道士法衣，有一只九英尺高的炼丹炉正喷吐着淡紫色的雾气，透过雾气隐约可见九位身披青龙白虎徽帜的玉雕少女。然而故事写到此处峰回路转，杜子春服用药物后面壁打坐，沉思中他发现自己经历了佛家地狱种种痛苦煎熬，最终重新投胎转世，而后一种突如其来、无法控制的情感终于帮他解脱了符咒的魔力。杜子春未能控制这些恐怖的幻觉就苏醒过来了，于是原本可以使他和那位波斯老人得道成仙、长生不老的实验以失败告终。【《太平广记》卷第十六《神仙十六·杜子春》引《续玄怪录》。文长不录。】

综合以上所有论据来看，似乎真相已经大白：至少在凡人眼中，唐代的波斯商人和阿拉伯商人对中国炼丹术中冶金和长寿之道深感兴趣。从这一角度去看，中国思想西传并与希腊化思想一起被阿拉伯文明所继承的观点似乎确实言之成理。无人尝试过将道藏中任何一部典籍译为阿拉伯语，但这一点无关紧要。可以想见这一工程将何等艰巨。我们所期待的不外乎在某处找到一种新物质，几条或已理解或无人理解的理论，以及一个不曾被人误解的伟大的基本概念——即化学反应可以创造奇迹，赐人生命，延年益寿。

如果你乐于和中国境内的胡商中的博物学家打交道，不如考虑和四川李氏交朋友。李珣[23]祖上是波斯人，隋朝时定居中国，约在880年前后迁居四川。李家经营批发生意和船舶租赁，也是香料贸易商队的赞助人。李珣不仅诗名赫赫，而且精研药物、香料和博物学，著有《海药本草》，记载南方海外诸国出产的动植物药材。此书与8世纪郑虔[24]著述的《胡本草》内容相似，遗憾的是两部作品都未能完整保留下来。李珣之弟李玹[25]更堪称炼丹家，他终日埋首研究砒霜等药物，研究精油及其提取方式；此外他还是位棋坛高手。这些都是四川前蜀时期的事，兄弟俩还有位小妹李舜弦[26]，诗风典雅，是当时朝中女官。此外还有一位胡人医师李密医[27]，虽然也姓李，但或许与李家并无关联；这位医生于735年东渡日本，亲自参与了奈良时代的文化复兴运动。

阿拉伯人的信念——创造生命

现在一则格外超乎寻常的故事又随之而来。阿拉伯炼金术的重要主题似乎从未严格地着眼于长寿研究这一原则，而是所谓的“发生科学”（science of generation，*ilm al-takwīn*）。它不仅与自然界矿石、矿物的再生以及从贱金属中创生贵金属有关，还与动植物、甚至人类的人工体外无性繁殖有关。我们不可以将这些想法作为中世纪的胡说八道抛诸脑后，因为它们能让你洞悉当时人的思想，并阐明究竟是什么在代代相传。那么，让我们来看一看现今评述最清楚直白的文献资料——贾比尔全集中的《集中书》（*Kitāb al-Tajmī*）是如何评价这一不同凡响的进步吧。9世纪，阿拉伯人的核心理念就是效仿造物主创世那样，借助工匠手段人为创造矿物、植物、动物，乃至人类本身和先知先哲。一位作者写道：如果你成功地合成了一样东西，你当然会猜想世界上或许真有这样一个地方，在那里灵魂与物质融为一体。以你自身而言，孤立的事物可以替代你的四种天性，你可以将之改变为自己喜欢的任意形式。听起来仿佛化人重生。

点金术不过是这一总体原则的一个特例而已。认为可以人工繁殖动植物的想法并不仅仅局限于贾比尔时代的学术圈，而是得到了广泛的接受和讨论。因此必须严肃看待这种思想，而实践的方向则展现出许多有趣的细节。例如，一次实验过程中，一只兽形玻璃器皿里装有精液、血液、有待复制的生物体的一部分，再根据平衡方法选择药物与化学药剂的种类和用量，最后混合在一起。所有这些都被密封在天体模型天球仪（阿拉伯人称之为*qura'*，我们称之为浑仪）的正中——那是一具由机械装置推动的永恒运动的仪器。同时浑仪下方用微火加热。假如尚未加热到正确时长，或是超过了预定时间，都无法取得成功。显然从来没有哪一次实验时间掌握得恰到好处，因此什么事都没发生过，但这并未动摇人们对实验过程的信心。甚至有人断言，如果用上所有科学知识，这些仪器肯定可以创造出高级生命。

我们有把握说，帕拉塞尔苏斯和歌德笔下的浮士德（Faust）所造出的何蒙库鲁兹（*homunculus*）就源自于此。不过，如果让阿道司·赫胥黎（Aldous Huxley）发现他在《美丽新世界》（*Brave New World*）里描述过的可分裂的全能卵裂球和人工培养的试管婴儿，居然早已被阿拉伯炼金术士幻想过，那他会多么惊讶，我们就不得而知了。

这些实验设备都不具备希腊化特征，反倒处处让我们联想起中国的用水力推动旋转的浑天仪和天球仪，这些仪器属于中国的极地赤道天文学，而非西方的黄道行星天文学。同时我们还回忆起印度文化中也有类似的理论，尤其是与永动理论相关的思想尤为相近。关于旋转的天文仪器权且谈这么多吧。

谈到核心动力的问题，学者在探索希腊化思想的过程中早已充分利用了他们的聪明才智，然而他们只不过发现了一些自主繁殖、自动人偶以及让圣像显灵的仪式，此外一无所获，而这些发现都未能切中要害。希腊化埃及文明里有许多关于会说话的雕像和旋转不停的立柱的离奇故事，这些传说当然都流传到了阿拉伯；然而即使这点荣誉也要与中国人分享，因为中国文化中涉及自动人偶的传奇故事也相当繁多，其中有些装置如周穆王时代的机械道士几乎已是人造的血肉之躯了。【《列子·汤问》："周穆王西巡狩……反还，未及中国，道有献工人名偃师……越日，偃师谒见王。王荐之曰：'若与偕来者何人邪？' 对曰：'臣之所造能倡者。' 穆王惊视之，趣步俯仰，信人也。……千变万化，惟意所适。王以为实人也，与盛姬内御并观之。技将终，倡者瞬其目而招王之左右侍妾。王大怒，立欲诛偃师。偃师大慑，立剖散倡者以示王，皆傅会革、木、胶、漆、白、黑、丹、青之所为。……"】至于孰优孰劣，在希腊化的实践与东亚的实践之间我们仍然没有多少选择余地，这已经不是第一次了。因为中国和日本早有现成的神祇、天王（*lokapala*）、菩萨等佛像，甚至在佛像体内还填充了内脏模型以保证其完整性，日本现存佛像中就找得到这样的例证。此外还有为佛像点睛的开光仪式。我们只能得出这样一个结论：阿拉伯人不必因为希腊人了解自主繁殖、机械操纵的假人或是圣像显灵的事而唯希腊化文化是从。

长生不老药的作用

不，根据我们的理解，阿拉伯人从帽子里变出兔子的戏法的根本特色在于向中央容器内的动物躯体上添加的化学物质，因为这些物质代表了药粉（*iksir*）和万应灵药（*al-iksir*）；整个伪科学操作的模式也不过是对源自阿拉伯的实验的创新，意在验证赐命灵丹的药力。其内有中国的灵丹益寿思想，其外有中国的永动宇宙模型为辅。除此之外，地中海文明中有关这一主题的某些早期思想也起到了一定作用。

东亚思想中有一种独特的预设：通过化学手段可以赋予生物以永生。因此，我们一般认为，阿拉伯人利用化学手段赋予无生命的事物以生命，不过是基于上述预设的别出心裁。这让我回忆起公元前4世纪的公孙绰，他以中国人典型的乐观态度说道："要知道，我可以治愈偏瘫。如果药量加倍，我就可以让死人复活。"【《吕氏春秋·别类》："我固能治偏枯，今吾倍所以为偏枯之药，则可以起死人矣。"】综上所述，我们认为阿拉伯炼金术理论相当于多方面的融合：道家通过服用化学物质以求延年益寿、长生不死的思想，以及盖伦派医生测试药物疗效的方法，再加上自然界四种基本元素的平衡。

一般而言，阿拉伯炼金术士十分强调他们与希腊化文化传统之间的联系；读过阿拉伯文字资料之后，主要印象确实如此。但是，他们读的可能确实是希腊书籍，他们谈论的却又是波斯、印度，尤其是中国的思想与实践活动，而这些国度的文本资料几乎从未有过阿拉伯文译本。可以说，中国的长寿研究似乎是经过过滤之后才传入西方的，过滤后有关天地间物质不灭的概念不可避免地被遗留下来。毕竟，穆斯林的乐土与基督徒的天堂还是比较类似的。但无论如何，某些关键性的小"分子"还是透过了这层"滤纸”，得以西行。其一，承认化学方法可以实现长寿，《旧约》中犹太先民的例子恰恰证明了这一点；其二，期望可以永葆青春；其三，推测人体四大元素完美平衡的状态是有可能达到的；其四，将延年益寿的思想推广为用人工繁殖的方法创造生命；其五，治疗疾病时不加限制地使用长生不老药。许许多多作者都认识到希腊化原始化学发展的整个过程实则以冶金术为主——我们应当说是伪金术或点金术，而阿拉伯人和中国炼丹师一样，他们深深着迷、醉心研究的是药物本质。葛洪、陶弘景和孙思邈的思想后继有人而且为数众多、硕果累累，其中有肯迪（al-Kindī）[28]，有以贾比尔为名的大批学者，有拉齐（al-Razī）[29]，还有伊本·西拿（Ibn Sīnā）[30]。虽说没有任何一种生物跨出贾比尔·伊本·哈扬的宇宙学孵化器，但是如今已经取得丰硕成果的化学疗法却肯定诞生于中国—阿拉伯传统，而伟大的菲利普斯·奥里欧勒斯·德奥弗拉斯特·帕拉塞尔苏斯·博姆巴斯茨·冯·霍恩海姆（Philippus Aureolus Theophrastus Bombastus Paracelsus von Hohenheim）则是其助产士。

假若我所描绘的历史画卷整体而言准确无误的话，那么在拜占庭地区一定能找到有关长生寿考、延续天年和养生秘法之类的思想。事实确实如此，1063年，米哈伊尔·普塞洛斯（Michael Psellos）[31]完成了巨著《编年史》（*Chronographia*），其中专有一篇是记载1055—1056年间皇后西奥多拉（Theodora）的统治。几位修道士信誓旦旦地向她保证，只要遵循他们的种种指导就能长生不老。其中有几位修道士可以像道家说的神仙一样在云中漫步，无所不能。他们预言皇后将万寿无疆，然而实际上就在此后不久，她执政的第二年，皇后就撒手人寰了，享年七十六岁。看了这则故事，似乎历史已经明白如画：西奥多拉肯定深受一群拜占庭修道士的影响，这些出家人自称身具延年益寿之术。整个故事内容颇具道家、苏非派（Sufi）[32]，甚至悉地法（Siddhi）[33]的意味。

在那之后两百年，马可·波罗口述了他对印度瑜珈功士（yogis）的看法，由鲁斯蒂谦（Rusticianus）[34]记录下来。在此我将引用其中一段文字。他说道：

> 这些婆罗门与世上任何人相比都生活得更多（也就是说他们寿命更长）。他们的长寿源于几乎不吃不喝、绝对禁欲，这一点他们要比其他人练得更多。婆罗门中有些人是职业僧侣，有品级之别，他们根据自己的偶像信仰选择不同的寺庙修炼。这些人称作瑜伽士，他们的寿命肯定比其他人长久，大约可以活至一百五十到两百岁。他们的躯体机能良好，可以随时行动，来去自如，寺庙执役和敬香礼佛的所有事务也完全可以胜任；即使垂暮之年还是一如往昔，仿佛依旧年轻。下面，有关这些长寿的瑜伽士的饮食，我又

要解释几句了：这对你们很重要，但听起来却很荒谬。告诉你们，他们把水银和硫磺混合在一起，掺上水制成饮料。他们喝了以后说这种饮料可以延年益寿，他们的长寿全赖此物，他们每周喝两次，有时每月两次。你们可能知道这些人为了长寿自幼就开始服用，这一点绝不会有错：那些果真长寿的人肯定服用了水银加硫磺的饮料。

这篇文字的趣味特别体现在，文中突出展现了营养卫生和长寿药物的元素。李少君的朱砂在鲁斯蒂谦的拉丁文书籍中恢复了生命力。话说，马可·波罗是罗杰·培根的同辈人。他在1275年抵达中国，在培根去世的1292年离开前往印度，于1295年返回意大利。当然，马可·波罗所知的一切并没有以如今平装书批量生产那样的速度传开，但读者也相当广泛了；而且他所记述的亚洲圣徒贤士用化学方法延年益寿的情况至少与阿拉伯文献中的部分记载相吻合。

寿享千年？

最后，我还想提到第一位谈吐有道家之风的欧洲人，此人不是别人，正是罗杰·培根（1214—1292）。他曾多次勇敢地断言，一旦人类解开炼丹之谜，就可以永生不死、寿享无极了。当然，正是由于他对科学技术发展普遍采取乐观态度，才使他成为如此前卫的角色，远远超前于他所生活的时代。他在给教皇克莱门特四世（Clement IV，这位教皇似乎对炼丹术没有多大兴趣）的信中写道："医学领域还可以找出另一例证与延年益寿有关，因为医药技术的作用别无其他，就在于养生健体。人类寿命实际上还存在进一步延长的可能。创世之初，先民的寿命就比现代人长久得多，如今人类的寿命被过度缩短了。"另一处他又写道："考虑到灵魂是永恒不灭的，这恰恰确证了延年益寿的可能性。因此，人类堕落以后，曾有人可以寿活千年。正是从那时起，生命的长度逐渐缩短了。"故而寿命缩短实属意外，可以部分或全面补救回来。当然，他此处所指的就是寿活九百六十九岁的玛土撒拉（Methuselah）[35]，可以说是西方的彭祖[36]。但毫无疑问，他也大胆地提到了其他犹太先民的例子。最后，罗杰·培根以一段饱含激情的文字结束了这封信，他是这样写的：

> 未来的实验科学将从亚里士多德的"秘中之秘"里了解到如何生产24K纯金、30K、40K，乃至任意纯度的黄金。正是出于这个原因亚里士多德才这样对亚历山大说："我期望向您展示最伟大超凡的秘密，它的的确确与众不同；它不仅有益于国家繁荣兴盛，只需黄金储备充足，我们的需求就能实现，而且更为重

要的是，它可以延年益寿。因为这种药品可以祛除贱金属中的杂质与腐物，使之演变为白银和纯度最高的黄金；故而聪慧之士认为它同样可以尽除人体内部的杂质和腐物，让人延长数百年寿命。这就是我前面谈到的人体内部各元素含量均衡的状态。”

我们眼前再次出现了葛洪、贾比尔·伊本·哈扬的形象，只不过穿的是拉丁民族长袍，至少也是法兰克族服装。信函中最末一句读来并不陌生，因为培根精准地复述了阿拉伯文明中元素均衡、长生不死以及人体各元素配比完全平衡以避免衰变的理念。我们也应当引经据典，引述莎士比亚名剧《裘力斯·凯撒》（*Julius Caesar*）剧终一节，法萨罗之战（Battle of Pharsalus）结束后马可·安东尼（Mark Antony）在战场上找到布鲁图斯（Brutus）的遗体，他说：“他一生善良，交织在他身上的各种美德，可以使造物主肃然起立，向全世界宣告：‘这是条汉子！’”罗杰·培根的其他著作中同样可以找到类似言论。例如，1267 年问世的《第三部著作》（*Opus Tertium*）中就有一段有关炼丹术理论与操作的有趣文字，它明确讨论了物质从元素中再生的问题，不仅无生命的矿物、金属如此，有生命的动植物也是如此。据说，某种技术可以一日之间完成自然界毕千年之功才创造出的伟业，这一信念已不算新鲜了。但我们绝不能因此忽视这一事实：罗杰·培根对永动机深感兴趣，这很可能要靠磁力实现，就像他的朋友佩雷格里努斯（Pierre de Maricourt）[37]坚持不懈、致力研究的那些机器一样。

本次讲演即将结束，我想再用几句话，谈谈自罗杰·培根时代以来几个世纪里人类寿命的实际增长。几百年来，人均预期寿命由1300年（元代）的男性二十四、女性三十三，增长到1950年时的男性六十五、女性七十二。尽管许多化学以外的因素在其中扮演了重要角色，例如食物、交通、住房和卫生条件等，但是化学的进步也有着显著的重要性。毫无疑问，是日益增长的化学知识最终导向了生命的延续。在葛洪看来，所有卫生学、细菌学、药物学或营养学，都只不过是炼制丹药所需的化学知识派生的科学而已。先贤们唯一失败的想法在于：他们认为确有某一种物质对人、对金属同样适用、百试不爽；至于从邹衍经由贾比尔传至罗杰·培根的长生不老思想则实实在在堪称一个创造性的伟大梦想。其中的核心理论在于，人体本身和其他合成体一样都具有化学性，无论是无机体还是有机体；那么如果人类深入了解这种化学知识，就可以将寿命延长到令人难以置信的地步。如果我们依然解不开神仙长生不老之谜，就该想一想我们是不是可能永远也解不开了。然而谁也不知道几百年后人类社会是否会发生难以想象的巨变，说不定我们终究能掌握长生之道！

【注释】

1 罗伯特・波义耳（1627-1691），英国皇家学会早期会员之一，化学之父，有一条气体定律以他的名字命名。

2 安托万・拉瓦锡（1743-1794），法国科学家，对早期理解氧气在化学反应中的作用贡献良多。

3 约翰・道尔顿（1766-1844），化学家，发展了化学反应中的原子理论。

4 尤斯图斯・冯・李比希（1803-1873），卓越的化学家，有机化学和农业化学奠基人之一。

5 伪德谟克利特，1 世纪希腊化时代的原始化学家。

6 佐西默斯，4 世纪希腊化时代的化学家和系统分类学家。

7 奥林匹德罗斯，6 世纪拜占庭时代的原始化学家和作家。

8 博卢斯，公元前 2 世纪希腊化时代的作家，专攻博物学和原始科学研究。

9 斯特法努斯，3 世纪希腊化时代的化学家。

10 乌马拉・伊本・汉扎，7 世纪阿拉伯使者，对炼金术感兴趣。

11 卡利夫・曼舒，阿拔斯王朝（Abbasid）的统治者，活跃于 759-775 年。

12 伊本・法奎，多产作家，活跃于 900 年前后。

13 贾比尔・伊本・哈扬，活跃于 776 年前后，被称作阿拉伯炼金术之父。

14 奈丁，死于 995 年，著有《群书类述》，其中大量内容对阿拉伯科学家的研究和写作大有裨益。

15 伊本・阿法拉斯，12 世纪阿拉伯炼金术士。

16 拉什德・丁・阿尔哈姆达尼，著名阿拉伯历史学家，死于 1318 年。

17 李达池，13 世纪中国佛家医师。

18 费长房，6 世纪中国佛家历史学家。

19 念常，14 世纪中国僧侣和历史学家。

20 薛爱华，著名美国汉学家，着有《撒马尔罕的金桃》（*The Golden Peaches of Samarkand*，1963）和其他几部有关唐代文化的作品。

21 段畅，8 世纪的药物学家。

22 杜子春，8 世纪的炼丹师。

23 李珣，9 世纪的药物学家。

24 郑虔，6 世纪的药物学家。

25 李玹，9 世纪的炼丹师。

26 李舜弦，前蜀时期的女官。

27 李密医，8 世纪的内科医生，后赴日本。

28　肯迪，阿拉伯炼丹师，死于 873 年前后。

29　拉齐（865-925），阿拉伯知名炼丹师、内科医生。

30　伊本·西拿（980-1037），即阿拉伯医生阿维森纳（Avicenna）。

31　米哈伊尔·普塞洛斯，一位关心原始化学的拜占庭历史学家。

32　苏非派，伊斯兰教中崇尚禁欲主义和神秘主义的派别。

33　悉地，泰米尔的魔法师。

34　鲁斯蒂谦，马可·波罗同狱囚友，他在 1298 年笔述了马可·波罗的中国之行和旅居生活。

35　玛土撒拉，《创世纪》第五章二十七节中记载的人物，为《圣经》中典型的长寿老人。

36　彭祖，中国神话传说中的长寿翁。

37　佩雷格里努斯，13 世纪的磁学实验者。

第四章　针灸理论及其发展史

针法与灸法

人人皆知，针法（acupuncture）与灸法（moxa）是中医最古老、最具特色的两种医疗技法。广义而言，针法就是在人体表面不同部位深深浅浅地刺入细针的疗法——选中的针刺穴位彼此相互关联，其排列格局是根据一种高深而复杂的（恐怕实质上还是从中古时代流传至今的）生理学理论为依据的高度系统化模式。古时候这种医疗技术称作镵石，而今称作针灸。毫无疑问，医针刺激了深藏体内的神经末梢，从而达到意义深远的治疗效果。这一古典医学理论以气血周身循环的思想为根本，迄今仍然令人大感兴趣。我很乐于在此认真探讨这一问题，因为在我看来，大学校园里的听众肯定有兴趣了解它。

灸法则以燃烧一种可引火的蒿属植物——艾为主要手

段，或用形似檀香的锥状艾杆直接灼烧皮肤，或手执雪茄状的艾条悬于皮肤上方进行熏烤。选择灼烙的部位大体而言与针刺位置相同，为此已有艾绒炙或艾绒灸之说。此法可能类似热敷，只引起轻微刺激；也可能全然不同，引起强烈刺激灼痛。概括而言，源远流长的针法在应付急症时最有用武之地，而灸法更适于治疗慢性病，甚至只是出于预防目的。

针法这种治疗手段就是用针刺入体内以达镇静与止痛效果，它首创于公元前 1000 年的周代。如今的医针相当纤细，比大家熟悉的皮下注射针头纤细得多。在人体表面下针时都必须依据古代生理学思维，严格按图谱寻找特定穴位。人们发现，针法的理论与实践早在公元前 2 世纪时就已为社会所承认，并形成了一套治疗体系，当然后来也有了更多的发展。我们在几处中国城市和日本参观针灸诊所的时候，也曾多次亲眼目睹银针刺穴的方法。可以说时至今天，这种医疗技术仍广泛应用在中国大地上，活跃在所有中国人社区里，而且几百年前就已经普及到同属东方文化区域的各个邻邦。最近三百年间，整个西方世界都对它产生浓厚兴趣，并开始付诸实践。我猜测西方世界是从威廉·瑞尼（Willem ten Rhigne）[1] 于 1684 年前后著述的一部书里首次了解针刺之术，而后随着岁月流逝，西方也渐渐开始广泛应用这种医疗手法了。

此刻，我与鲁桂珍博士的一部作品正在印制中，我们为之定名为《天朝之针：针灸理论及其历史》(*Celestial Lancets: A History and Rationale of Acupuncture and Moxa*)〔按：本书已于1980年由剑桥大学出版社出版〕。这本书是《中国科学技术史》丛书第六卷、第三分册的一部分，现在只不过是作为一部专著提前出版。我认为这本书会很有价值，因为迄今为止西方尚无专门研究针灸之学的史学著作。现有的实用手册着实不少，但一本适当的史书也没有，甚至从未有人从现代科学角度出发着手研究针法与灸术这两种技术的生理学和生物化学基础。

针灸与经络、循环系统

以古代医学观点看来，气在人体内的通道网络中贯通游走称作"循环"。这一网络即所谓经络，由经脉与络脉构成，包括十二经脉和著名的奇经八脉。可以找到图谱与木制人体模型，上有图解说明。每条经脉上均有十至五十个腧穴，即我们下针或灼烙的位置。不过经络之外还有另一经脉系统，我们译作"tract-and-channel network system"，不仅事关气的循环，还涉及到血的循环。世上早已清清楚楚地存在循环这一概念，且远早于1628年威廉·哈维爵士（Sir William Harvey，应该说他和我在剑桥大学的同一学院）[2]在《心血运动论》(*De Motu Cordis et Sanguinis in Animalibus*)一书中的著述，这真是有趣极了，下文中我会再讨论这一点。

根据经脉有发源于手、脚之别，我们还应用了 cheiro-telic、cheirogenic、podotelic 和 podogenic 这些术语。cheirotelic 指导入手的经络，cheirogenic 指以手为出发点的经络；podotelic 指导入脚的经络，podogenic 指以脚为出发点的经络。实则每一经络皆与某一内脏相联，它们的联结顺序依次为：肺脏、大肠、胆囊、肝脏。经络与内脏有联系堪称中古世纪中国在生理学方面的一大发现，因为它已然涉及了今天称作内脏—皮肤反射作用（viscero-cutaneous reflex）的问题。例如，众所周知，按压人体正面的阑尾麦氏点（McBurney's point）可以诊断出是否患有阑尾炎。此外许多内脏疾病的病例中，在皮肤表面都有疼痛或其他异常反应。这些迹象都属于内脏—皮肤反射作用，很有意义。在那么久以前就了解这一知识真是一大卓越成就。

针灸疗效的统计

无人否认针法在中国医学史上举足轻重的地位，但客观而言其真正价值迄今在某种程度上依然见仁见智、众说纷纭。譬如，东亚各国接受现代医学训练的中、西医大夫当中，总有人对针法的医疗价值持怀疑态度。整体上说，中国国内这类人为数甚少；根据我们的经验，绝大多数医学界人士，无论接受的是现代医学训练还是传统医学训练，都坚信针法可以治疗许多病症，至少也能缓解病情。看来，只有依据现代医学统计方法分析大量病例病史，才能真正了解针法（或者其他中国特有的治疗手段）的有效性。然而此举耗时颇巨，或许需要五十年甚至更久。在一个人口有十亿之众的国家，相对总人口而言其资深医生的比例很低，而民众又迫切需要各种医药治疗和外科治疗，那么坚持记录医疗档案就格外困难了。

我们认定工作不能等待，因此我们有义务着手编纂这部历史，在或此或彼某个方向上稍有偏重。首先，谈到已出版的统计资料问题，妄言中国医学文献中没有定量数据是不公平的。事实上，中国医学书籍和某些西方文献一样都有定量数据。然而，过去十五年中，中国人在大型手术中应用针刺止痛法获得了巨大成功，于是整个话题产生了戏剧性的变化。用这种疗法止痛不必在手术后很长时间内进行曲折复杂的病史追踪，也没有病情逐渐减轻或突然复发的过程，病情反应不会长期悬而不决，更不必悬虑猜测。手术开始后患者是否疼痛得忍无可忍，针刺是否有效，一个小时甚至更短时间内就能知道。针刺止痛法（或称针刺麻醉法，人们往往根据不恰当却无可辩驳的逻辑这样称呼它）已然迫使世界其他地区的医生和神经生理学家第一次认真思考中医之道，它在这些人心中的影响远比其他任何技术进步都要深远。

至于说我们的侧重点，应当说这源于一种自然而然的怀疑态度。我与鲁博士都是训练有素的生物化学家和生理学家，作为现代科学家我们势必大量用到怀疑论；只是怀疑论用法并不唯一。我们发现，如果针刺理论及实践并无实际价值，那么它居然在千百年间成为数以百万中国百姓最后支柱就未免令人难以置信了。要我们这样的生理学家和生物化学家相信其疗效完全是主观心理作用，真是逼着我们竭尽轻信之能事了。人体身心因果作用的奥秘一一揭开之后，人们或许更想计算一下它究竟有几分可能性，而把它出现的时间问题抛之脑后，因为在我们看来它的出现未免太超前了。要我们假设一种多少年来许多人都亲身体验过的医疗手段居然只有纯粹的心理作用，而毫无生理学、病理学依据，恐怕更不容易。我们只得把它和西方广泛应用的放血疗法和尿样检测放在一起比较。这两种方法的那点微乎其微的生理学依据不足以支撑其长盛不衰的流行度；而且二者也都不像针法那样令人难以捉摸。除这一点以外，放血疗法在治疗高血压方面的确稍有价值，而极度失常的尿样也可以揭示病情。虽然在现代医学临床实践中，二者并没有多大建树，但是据我所知如今放血疗法又有东山再起之势，尤其在治疗高血压患例时。

针刺止痛原理

人们（主要指西方人）的一种普遍看法是，针法和其他许多称作“边缘医学”（fringe medicine）的治疗方法一样是借助心理暗示才完成的；更有人毫不犹豫地把外科手术中的针刺止痛法与催眠止痛法等同起来，完全无视我们书中已经列举过的二者的诸多不同。大概在去年，我发现并提出了一条显著的差异，即一种特殊的吗啡拮抗剂——纳洛酮（naloxone）的药效问题。有趣的是，纳洛酮对催眠毫无帮助；尽管催眠状态下进行大手术确实可行，但催眠本身却并非纳洛酮之功。恰恰相反，纳洛酮对针刺止痛法有抑制作用，因此这种物质几乎必然与类鸦片活性肽（opioid peptide）有关，那是大脑自己产生的类似吗啡的物质。稍后我会回到这个问题上。话说回来，要用“催眠”一词来概括过去两千年中千百万人的信念以及今日即将接受手术的患者的期待，那么我们肯定严重滥用了这一术语。更何况，动物实验证实了我们的观点：在针刺之下神经系统产生了生理和生物化学反应；在动物实验中毋须考虑心理因素，因此在研究这种医疗技术的过程中也愈来愈多地使用动物进行实验。不仅如此，至少从14世纪元代的重要专著（按：《新编集成马医方牛医方》）发表之后开始，针法就已在中国兽医学中占了一席之地，并且广泛延用直至今天。

那么，事实已然清晰如画：依据神经生理学原理，医针刺激了皮下不同深度的感受器，于是传入冲动被导入脊髓，直至大脑。或许这些刺激会触发下丘脑活动，使脑垂体腺活跃起来，最终导致肾上腺皮质加速分泌皮质酮；又或许会刺激植物神经系统，最终促使网状内皮系统加速分泌抗体。从医学角度来看，这两种系列反应都具有重大意义。事实上，这两套理论已成为当今阐释针法疗效的主导理论。某种意义上说，诠释其止痛作用比解说其医疗价值更容易一些；但如果针刺确实刺激了肾上腺皮质酮以及与之相关的分泌物的分泌，或者确实加速了抗体的生成，那么我们不费吹灰之力就能看出针刺疗法的确颇有价值，甚

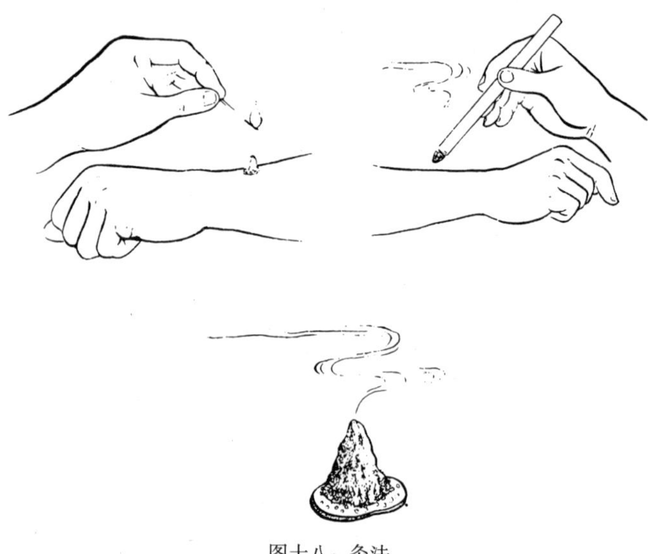

图十八：灸法

至治疗类似伤寒和霍乱这样的我们早已熟知其外感病因的疾病时也大有功效。另一方面，其他情况下医针会独霸丘脑、髓质或脊髓，抑制痛觉冲动传导到大脑皮层区域，于是成功地起到止痛作用。

篇幅所限，我只能略略提及闭锁理论（gating theory），介绍这些理论同样也是为了解释这类事物。为了方便非医学专业的读者，我们打个比方："闭锁"所指的情况类似于一家电话局，所有线路都十分繁忙。如果所有线路都全日忙碌不停的话，那么占线信号就会响个不停。手术中的痛觉冲动也是如此，针刺可以保证这些冲动不会传导到大脑皮层。

类鸦片活性肽及其他生理现象

进一步来说，我曾提到针刺止痛法无疑以某种方式（具体哪种方式尚未得知），与大脑类鸦片活性肽息息相关。我们发现自己的大脑能大量分泌被称作脑啡肽和内啡肽的物质，其效力足有吗啡的五十倍，这是最近五年来最激动人心、令人心醉神迷的发现之一了。我们未能早些发现这些物质，大概因为它们一经产生就遭到大脑中的酶的迅速破坏。不过，既知人类迟早会发现罂粟，那么大自然为何要在大脑中同时创造出吗啡生物碱和吗啡受体这两种事物呢？我相信，思索这一问题是相当有

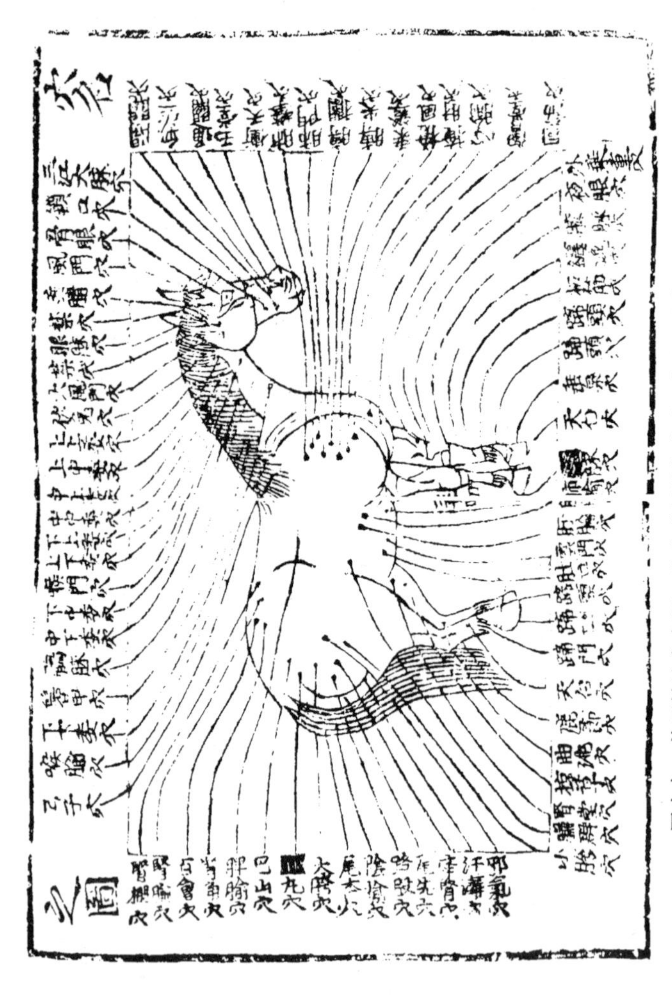

图十九：兽医针法穴名图。取自《新编集成马医方牛医方》（1399年）

趣的。当然这一设想确实难以令人信服，因此科学家们推测，如果大脑里果真存在吗啡受体的话，它可能在丘脑或网状系统内部；大自然所做的一切只不过是替人体自身产生的物质创造一个传感器而已。这一推理确实正确无误。脑啡肽与内啡肽这两种物质的止痛作用极强，而它们又是大脑自行分泌出来的，于是你又可以看到另一事实：刺在神经末梢周围的医针可以刺激神经元迅速释放出高强度的脑啡肽和内啡肽。

此外还有许多其他生理学现象应予注意，例如海德带（Head Zones）。它与头部“head”其实毫无关系，而是为了纪念一位杰出的英国神经学家亨利·海德（Henry Head）而命名的，是他刻苦研究找出了与内脏相关联的体表神经分布区。他的发现与我前文提到的内脏—皮肤反射作用息息相关，而且正是他别出心裁地揭示了人体体表神经的分布以及它们与内脏的关联方式。我很高兴有幸在年轻时代结识海德先生。

另一现象——“牵涉性痛”（referred pain）的多级效应也与之相关。我不知道多少人曾经亲身体验过这种疼痛，但我自己就时常感受到；实际上就在今天下午在校园漫步时，我右脚跟腱突然一阵剧痛。我深知只需一两分钟就熬过去了，因为我的肠道内部会产生一串气泡，一旦气泡对肠壁的压力释放出来，足底的痛楚就会立即消失得无影无踪。这只是牵涉性痛的一个例证。有人时常遇到，有人体会得不太频繁，无论如何这种病状肯定首先触动了中国古代生理学家，促使他们发明并拟定出经络系统。

接受针刺治疗的患者的某些感受对理论形成具有举足轻重的作用。大家或许知道，患者扎针时共有四种特别的感受：麻、酸、胀、肿，其中“麻”的感觉似乎是线性传递的。例如，在膝下足三里穴下针后，麻木的感觉会直线贯入足底，而且针灸大夫愈用力捻针，感受愈强烈。因此，由穴位传来的所谓“射线”必定成为归纳经络系统理论的第一手数据。

提高人体自卫能力

在此还应再谈一谈针法以及其他中医传统医疗手段的理论背景，比如在中国地位不凡的健身操。这里我要谈的是中、西医双方如何评价协助治疗、提高人体自卫能力，以及抵御正面攻击这两方面的问题。在中、西医理论中均可找到这两方面概念。西医中占主导地位的理论似乎是病原体受到直接进犯，此外也有自然治愈力（*vis medicatrix naturae*）之说。我绝不会遗忘这一知识；儿时父亲仍是全科医生，至今我还记得他当时是如何与我谈论自然治愈力问题的。在我五六岁的时候，世上还没有抗生素，没有磺胺类药——我承认，白喉抗毒素还是有的——但多数情况下，医生束手无策，唯有陪在患者身边眼巴巴等着病情高潮来临，等着病人度过“危险期”。因此，自然治愈力非常重要。那是从希波克拉底和盖伦时代流传至今的有关抵抗力与增强抗病能力的理论的主旨。

恐怕人们始终认为中医以整体治疗为主，但它同样具有防治外来病原的思想，或许是来自外部、来自未知自然的邪气，也可能是昆虫在食物上爬过后留下的特种毒液和毒素。这已是中医里极古老的思想了，因此也早有抵御外来病原的实践，你可以称之为“出邪”，意即驱邪除晦；如果你是位中国药剂师，就该称之为“解毒”。而另一方面，自然治愈力的道理在中国大体指的就是道家养生之术，即增加营养，提高身体抵抗力。

显而易见，无论如何施针治疗，针法必须遵循增强患者抵抗力的原则，而非直接对抗侵入体内的微生物——也就是说，它并非一种别具特色的消毒技术。现代细菌学问世以来，消毒技术自然而然占据了西方医学的天下。西方人往往乐于承认针刺之术对坐骨神经痛或腰痛之类症状疗效显著，而西医对这类疾患全无对策。中医从不把针灸局限在治疗这类病症上；恰恰相反，在许多疾病问题上，他们都建议使用针灸疗法。如今我们自信已然了解这些疾病（例如伤寒和霍乱）是哪种微生物引起的，但中医依然宣称针灸疗法即使不能根治其症，至少也能缓解病情。鲁桂珍女士的母亲不幸在 1910 年前后身染霍乱，在南京接受针灸治疗后竟奇迹般地痊愈，鲁女士迄今对此事记忆犹新。理论上而言，产生如此疗效可能是肾上腺皮质酮的原因，也可能是免疫调节的原因。有趣的是，用药物解毒以及提高人体抵抗力的思想居然在东、西方两种文明和中西医两大文化中都得以发扬光大。

除此之外还有第三条思想，这是从元素平衡理论派生出来的。希腊语称之为 *krasis*，阿拉伯语称 *'adal* 或 *mizaj*，上一讲中我曾经提到过。这一思想为中国和希腊所共有。它认为疾病实质上是机能障碍或元素失衡，即体内某一元素占了上风。现代内分泌学兴起之后，这一思想才重获生机，虽然早在两种文明形成初期它就已然存在。欧洲放血疗法和催泻疗法虽说残酷，却的确是受这一思想直接影响的结果，因为人们认为“异常体液”（peccant humour）[①] 必须排出体外。但在中国，面对阴阳失衡或五行关系失常，则需要综合的诊断和玄妙的调理，而针灸通常是首选。许多这类方式的干预的确使人体神经和内分泌恢复到平衡状态，对此我们绝无异议。但是中古时代的医生究竟是如何洞见这两大力量的相互作用的，这对于我们现代人而言仍然难以理解。

临床记录

现代医学界普遍把矛头指向针刺疗法的原因在于我们

---

① 译注：中世纪生理学认为有四种体液对人体健康、性情起决定作用，包括血液、胆汁、黏液和忧郁液。

缺乏统计资料说明真相。现在中国缺少足够的临床控制实验，加上可能存在的安慰剂效应以及病情缓解的量化和追踪数据的匮乏，这些事实的确妨碍世人了解真相，但不能就说中国人对病情自然痊愈和缓解的可能性一无所知。《周礼》之中有一章谈到宫廷御医。要知道，《周礼》是汉初一部古文著作，其中阐述了周代朝廷应有的官僚组织制度，尽管它从未付诸实施，但那是一种理想的政府组织制度。谈到宫廷御医之首——医师时，文中写道："医师执掌全国医疗机构，并搜集各种灵丹妙药治疗疾病。凡属外源疾病，无论头部还是躯体都由各科专家治疗。年终时，他根据各人治疗记录判定其职位与俸禄。治愈率达 100% 者定为头等，达 90% 者定为二等，达 80% 者定为三等，达 70% 者定为四等，而治愈率不足 60% 者为最低等。"【《周礼·天官冢宰第一》："医师掌医之政令，聚毒药以共医事。凡邦之有疾病者，疕疡者，造焉，则使医分而治之。岁终，则稽其医事，以制其食。十全为上，十失一次之，十失二次之，十失三次之，十失四为下。"】而后 2 世纪郑玄注解《周礼》时写道："十者中四人未愈就要将医生置于最低等，是因为其中半数病例即使不施救治也会自行痊愈。"【郑玄《周礼注疏》卷五："以失四为下者，五则半矣，或不治自愈。"】这一注疏清楚地告诉我们中国确有临床记录；而在我们看来，这段注释更是难能可贵的例证，证实中国古代学者具有怀疑主义思想和批判意识。

下表是从前文提到的那部著作记载的大量数据中提炼的精华。表中列举的是从各种来源搜集到的针法治疗病例的统计结果，约计 15 万例，不仅有中国病例，还有俄罗斯和欧洲的病例记载。针法的治疗效果和止痛作用的成功率均约为 75%，这一事实十分有趣，同样也令人惊讶。就外科手术而言，“痊愈”和“大为缓解”的说法指的是完全不必服用其他类型的止痛剂。“明显缓解”在外科领域列为第二等，指的是必须在手术之前注射杜冷丁或在手术进行中注射某种镇静剂或止痛药物，以弥补针法不足，因此这种情况只能归入第二等。此外还有第三等、第四等疗效，即只有轻度缓解或者无效，等等。然而无论如何，第一、二等疗效可以算是成功的病例，其相加之和约占病例总数的四分之三。

针法病例结果统计

	第一等 痊愈或大为缓解	第二等 明显缓解	第一二等之和	第三等 轻度缓解	第四等 无效
治疗	44.1%	27.5%	71.6%	16.4%	12.0%
止痛	37.3%	38.1%	75.4%	17.0%	7.6%
		安慰剂效应	30%-35%		

联系上表，我想特别提出安慰剂效应的问题，这一效应的确存在并且应予足够重视。如果有一位患者手术后疼痛难忍，而他是一个不谙医术的普通人，你告诉对方要给他（或她）注射一种效力极佳的止痛药，告诉他肯定能止

痛，而后为他注射生理盐水或类似的完全没有止痛效力的药品，此后他（或她）可能会说疼痛大为减轻甚或完全消失。这一现实情况很不寻常，医学领域以外的人不是个个都能意识得到。普通百姓中有超过35%的人会产生类似反应，这种现象即所谓安慰剂效应。这是一种值得研究的重要现象，因为它构成了一种统计基线，只有超越这一基线之上的统计结果才有探讨的价值。如表所示，针刺疗法在治疗和止痛两方面的有效性约为安慰剂效应的两倍；以我之见，这一点很有意义。前两年有一项重大发现：安慰剂效应极易受到纳洛酮的影响。这就意味着，或者至少可以得出这样的结论，即事实上产生安慰剂效应的原因在于患者激发了自身含有的类似吗啡的物质。于是当医生说“我来给你注射一支止痛剂”的时候似乎就已向患者施加了心理刺激，大约35%的普通人就会当即调动体内的脑啡肽和内啡肽。

循环概念

说到此处，我想顺便提到历史上循环概念的故事——我相信它是医学史历程中格外有趣的传奇故事之一。众所周知，《黄帝内经》由《素问》与《灵枢》两篇构成，相当于中国的《希波克拉底文集》。此书不及《希波克拉底文集》那样古老，但也非迟后许多，今书共分两大部分，即《素问》与《灵枢》。我们将前者译为“Questions and Answers about Living Matter”（即生存之问答），后者译为“Vital Axis”（即生命的核心）。除此之外，7世纪杨上善还编过一部校订本，名为《太素》。在我们来看，《素问》（据我们推断成书于公元前2世纪）将血脉定义为血液的居所。自《灵枢》成书之后直至公元前1世纪，人们一直认为阴气（或称营气）川流于血脉之内，阳气（或称卫气）流通于血脉之外。同时，阴阳二气相互交融、密切联系。约成书于1世纪的《难经》中有一条注释是这样说的：“气保障血液流动，而气的流动又依赖于血液。二者相互依托，循环往复。”【《难经集注·三十难》：“杨（杨康侯）曰：血流据气，气动依血，相凭而行。”《难经集注·三十二难》：“虞（虞庶）曰：血流据气，气动依血，血气相依而行。”】然而在我们现有古代文献中有关循环概念的阐述里，这句话不足称奇。例如，《灵枢》中有言：我们称之为“脉”的血管系统“有如护栏或防护墙构成了一条环形管道，它控制着营气贯通的部分，以防其逃逸或漏出”。【《灵枢·决气第三十》：“壅遏营气，令无所避，是谓脉。”】1586年吴嗣昌注解这一句的时候说：“此句指的是营气在血脉之中日夜不息、循环往复、毫无滞涩，这才是血脉的本质所在。”【（清）张志聪《黄帝内经灵枢集注》卷四《决气第三十》：“吴氏（吴嗣昌）曰：言经脉壅蔽，营气行于脉中，昼夜环转，无所违逆，是谓脉。”】从历史上看，除了哈维于1628

年出版的著作外，我们还找到许多例证，这句话只不过是其中之一而已。我们毋须从明代文献中寻章摘句，早在此之前的十七个世纪就可以找到类似《素问》中的阐述，书中提到，岐伯说："经脉之中气血流动、绵绵不绝，环周不休。"【《素问·举痛论第三十九》："岐伯对曰：经脉流行不止，环周不休。"】显然气血循环之说是公元前 2 世纪的标准理论，这一史实与西方形成了鲜明对比，西方理论长期概念含糊，认为动脉中流动的是空气，而血液流动还有落潮之说（我该承认这都是些"愚蠢"的想法）。

《难经》中可以找到更详细的循环原理著述，书中说："营气在血脉中运行，而卫气在血脉外部的经脉中运行。营气循环不绝，至死方休。循环五十圈后两气相会，称作'大会'。阴阳二气相生相续、'如环无端'般运行。由此可见营、卫二气相互依存。"【《难经·三十难》："营行脉中，卫行脉外，营周不息，五十而复大会。阴阳相贯，如环之无端，故知营卫相随也。"】而注释中进一步解释道，这五十圈循环是日以继夜、全天十二时辰、或称一百刻钟无间断的循环。【《难经集注·一难》："虞曰：漏水下百刻，是知一日一夜，行五十周于身。"】这一点《灵枢》中早已阐明；它指出这一时数不仅与太阳运动掠过二十八宿天体一圈的时间一致，而且与呼吸 13500 轮相呼应。粗略计算下经脉与主要血脉长度约为 162 尺，这是气血完整循环一周的大体长度，因而循环五十圈总程可达 8100 尺（或 810

丈），而一呼一吸之间气血须运行 6 寸。【《灵枢·五十营第十五》："岐伯答曰：天周二十八宿，宿三十六分，人气行一周，千八分。日行二十八宿。人经脉上下、左右、前后二十八脉，周身十六丈二尺，以应二十八宿；漏水下百刻，以分昼夜。故人一呼，脉再动，气行三寸；一吸，脉亦再动，气行三寸；呼吸定息，气行六寸。十息，气行六尺，日行二分；二百七十息，气行十六丈二尺，气行交通于中，一周于身，下水二刻，日行二十五分；五百四十息，气行再周于身，水下四刻，日行四十分；二千七百息，气行十周于身，水下二十刻，日行五宿二十分；一万三千五百息，气行五十营于身，水下百刻，日行二十八宿，漏水皆尽，脉终矣。所谓交通者，并行一数也，故五十营备，得尽天地之寿矣，凡行八百一十丈也。"】公元前 1 世纪至公元 16 世纪，人们用到这些数据时态度绝对一丝不苟，当时的情形从 1575 年出版的《循经考穴编》之类的书籍中可见一斑，书中精确地照搬了这些数字。【（清）严振《循经考穴编·十二经阴阳传注》："人之营气，一呼脉行三寸，一吸脉行三寸，呼吸定息，脉行六寸，十息气行六尺，二百七十息，气行十六丈二尺，一万三千五百息，则气行五十周于身，计八百一十丈也。"】由此可见，这一中国传统文化知识绝不可能源于哈维有关血液循环的发现。我还想顺带提及这些诸如 162 尺等数据计算的依据，那是根据两汉之间王莽新朝时代解剖研究得出的数据。

心脏如水泵

那么，心脏的地位又如何呢？一个含义深长的词组“心主脉”已概括了一切，那是说心脏控制血脉。《素问》中写道：“心脏掌管血液与体液循环，控制其运行通道。”【《素问·宣明五气第二十三》：“心主脉。”】唐代王冰注解道：“心脏指掌血脉，限制营气循环往复；其运行速度与呼吸频率相符。”【王冰注《重广补注黄帝内经素问》卷第七《宣明五气篇第二十三》：“壅遏荣气，应息而动也。”】1618年，张景岳[3]进一步注释此句（同样早于1628年）说：“心脏控制血液循环及其表现出来的脉搏跳动。心脏在五行中属火，负责将血液送入身体各部分器官。”【《类经》卷十五《疾病类·二十五 宣明五气》：“心主血脉，应火之动而运行周身也。”】如此看来，千百年来心脏的形象似乎一直都与水泵之类相仿，收缩时将血液泵入血管中。而在比哈维更早时代的文献中，我们至少可以找到一处将心脏比作炼铁风箱的例子。刚刚提到的张景岳在《类经》中写道：“心脏与脉搏自身既非气，也非血，而更类似于推动气血运行的风箱。”【《类经》卷八《经络类·二十三 营卫三焦》：“脉者非气非血，其犹气血之橐籥也。”】原句是“其犹气血之橐籥也”，这句话非常有趣，因为“橐籥”的意思就是风箱。

张景岳生于1563年，他的这部医药生理学手册的成稿时间（1624年）比哈维的《心血运动论》（*De Motu Cordis*，1628年）早了整整四年，因此无端臆测欧洲思想对他有何影响是绝不可能成立的，更别说哈维的发现在经过一段漫长而艰难的道路之后才被广为接纳。此外，张景岳在著作中曾多次谈到血液循环原理，因而其首创年代应当回溯到1593年。还有一段类似的著述出现在1603年，同样早于哈维。在利玛窦制作的第三版世界地图《两仪玄览图》的跋中，阮泰元[4]写下了一段有趣的文字："我隐约感悟到，地球是固定不动的，而空气是流动的，水随着空气循环；这种情形有点类似于人体之中气血循环往复，永不停息。"【《两仪玄览图·阮泰元跋》："乃恍悟地凝气运，水随气旋，犹人身血气周流之无止息。"】晚至这一时代还能发现中国有领先欧洲的科学思考是不太寻常的，这不比更早年的唐宋时期，那时中国思想领先于欧洲是理所应当；然而我们似乎的确找到了一个异乎寻常的反例。

看到这些思想和自哈维开始的现代血液循环原理居然如此相近真是令人兴味盎然。依据中国古人的估算，24小时内血液运行五十周天，合每一周天耗时28.8分钟。现代医学知识告诉我们，这一速度比实际速度慢了六十倍，血液循环一周实际用时30秒左右。然而哈维终其一生未能有幸得出这一数据，这是近年来的研究成果。写到他的关键理论时，他论证道，除非血液沿着某些肉眼看不见的渠道又回到心脏，否则心脏绝不可能在既定时间内压出这么大量的血液；同一页他补充道："但我们权且认为这一过程不是半个小时之内完成，而是一个小时甚至整整一天才完成的。无论如何，事实是显而易见的，血液在心脏作用下流过心脏的血量远远高于食品营养可以补充的数量，也高于当时静脉可以容纳的数量。"哈维的论证重点在于量的推理，其依据只是很少的一点测算结果。他的推理思维仍然是亚里士多德式的，格外强调小宇宙与大宇宙的类比，只不过他的关键点在于量的推理。他确信除非血液可以通过某种方式返回心脏，依次重新泵出，否则整个系统无法正常运转。这才是他的伟大贡献。

把《黄帝内经》作者找到的数据与哈维找到的数据放在一处比较真是有趣。中国古人可以借助水钟精确地测算出脉搏，以及一定时间内的呼吸频率。此外我们已知，汉代古人已经测算出主要血管的大体长度，因此，他们有条件估计血流全程的长度。还有一点，他们肯定熟知血管割断后血液有节奏地向外喷射的情形，并且由于他们倾向于在普遍的哲学和宇宙论基础上接受循环原理，他们必然假定未受损伤的人体中，血液一定会以这样或那样的某种形式回到静脉和心脏。当然，他们的确并未像欧洲文艺复兴时期的研究方式那样，向后人提供任何实验记录以供佐证，而只是阐述了对血液循环时长的估测结果，作为医学普遍原理之一载入史册。

从根本上说，哈维对两件事深感兴趣：其一是血管中防止血液回流的静脉瓣膜，这是中国解剖学家可能从来没能捕捉到的信息；其二是由心脏喷射出来的血液流量，毫无疑问，这表明血液还会以某种方式回到心脏。令人感到不可思议的是，欧洲人居然用了这么久才理解并接受血液循环理论。此外一件事就是把心脏比作一只水泵或者像张景岳说的那样比作风箱。第一次听到这样的比喻时，我受到了极大的震动，那是多年以前我还在凯斯学院上学的时候。因为我们手头上有哈维讲演的记录，讲稿中谈到心脏有如"一对吱嘎作响的用来汲水的水力风箱"，但这句话并不是1616年他发表讲演时的原话，而是后来添上去的，时间恐怕不会早于1628年。第二种比喻出现在哈维1640年的《解剖学观察》（*Anatomic Observations*）中，他写道："心脏的搏动只不过是在泵血，舒张时吸纳，收缩时喷出。"许多学者都曾努力探索哈维心目中的水泵究竟是何类型。很可能就是那种波纹皮革外壁、可收缩的圆柱形水泵，17世纪时的消防车上大多配备这种水泵。尽管如此，在发现进一步的证据之前，我们仍然认为第一个把心脏比作水泵的是中国人而非欧洲人。

水泵当然是个机械论的概念，但人们普遍认为，若不借助哈维思想中"秘不可测的那一面"，即具有赫尔墨斯主义（Hermetism）、新柏拉图主义（Neo-Platonism）和自然界魔力色彩的宇宙论，就无法解释哈维的思想。他是个忠实的亚里士多德主义者（Aristotelian），因而他同样继承了曾经启发过乔尔丹诺·布鲁诺（Giordano Bruno）[5] 的圆形最完美的思想，同时他也非常重视小宇宙。例如，天上的太阳、月球、各大行星以及恒星都围绕着某一核心运行（这就是循环）；地上（sublunary world）有水循环这样的气象；而人世间则人人都绕着王子转。那么一旦把哈维的阐述与中国明清时代的作者进行比较的话，你会看到二者极为相似。其不同者主要在于中国人背后有至少可以追溯到公元前 2 世纪的气血循环的传统思想。沃尔特·佩格尔（Walter Pagel）[6] 曾经致力于探究欧洲最早关于循环理论的蛛丝马迹，可以追溯到柏拉图，不过欧洲人的阐述从来不像中国的文献那样清晰明确。无论如何，明朝后期，即 16 世纪末，在哈维论证血液循环理论之前，欧洲就有杰出的知识分子断言过循环理论。布鲁诺就是一例，1590 年他以大量文字论述了这一理论，在他同时期的另一篇文章中，他关于宇宙中太阳位置的论述，与哈维有关心脏的论述有异曲同工之妙。

血液循环理论传入欧洲

许多学者都把布鲁诺视作安德烈亚·切萨尔皮诺（Andrea Cesalpino）[7] 与哈维之间的一个重要链条，意义格外重大。切萨尔皮诺是第一位用到“循环”（*circulatio*）这个词汇的解剖学家，当时是 1571 年；他的知名贡献在于或多或少比较精确地描述了肺循环。但有几位学者成就居于其上，其中尤以拉埃多·科隆博（Raeldo Colombo）[8] 于 1559 年的著述和塞尔维特（Michael Servetus）[9] 于 1546 年的著述最为著名。更加令人瞩目的是，还有一位死于 1288 年的大马士革医生伊本·奎拉希·纳菲斯（Ibn al-Qarashī al-Nafīs）[10]，同样要超出切萨尔皮诺。自从发现相关的阿拉伯文献之后，关于这一知识是否曾经从阿拉伯传入欧洲，而后才为 16 世纪哈维以前的学者所掌握，一直争论不休。如今可以找到的重要证据表明事实确实如此，不仅血液循环的全套理论传入欧洲，甚至以资佐证的论据都一同传入欧洲。已确定的执行者之一就是安德里亚·阿尔帕戈（Andrea Alpago）[11]，威尼斯总领事，同时也是一位才识渊博的东方学专家，他能读懂阿拉伯文，曾在黎凡特（Levant）居住多年。此外，纳菲斯对循环原理肯定不只是略知皮毛而已，因为他谈到主动脉是将灵气（animal spirit）运送到身体各器官的主要血管。其阐述本身以及用到“气”这个词语都不禁让人心存疑问（我想，或许只是一个大胆的猜想？）：是否连同纳菲斯及其同时代的阿拉伯人也都受到了中国医药生理学的影响呢？迄今为止，我们还未证实这一假设；现有阿拉伯文献的译本中没有找到任何迹象可以证明这一点，然而上一个世纪的伊本·西拿深受中国文化尤其是脉搏方面的知识的影响，早已是不争的事实。他在《医典》（*Qanūn-fi al-Tibb*）一书中大量有关脉学的论述是直接照搬王叔和[12]《脉经》里的理论。除此之外，研究中我们发现了大量物证，证实中国的炼丹术理论与实践的确走出国门，流传到阿拉伯和西方世界。但我们无法确定纳菲斯是否也深受中国早先思想的影响，同样我们也没有切实的把握判断那些思想是否也经他之手继续流传到切萨尔皮诺和塞尔维特手中，直至伟大的哈维。

总　结

当我们回首历史，就会发现描述生长于华夏之国、历尽千百年沧桑的针灸疗法的医学文献是何等卓尔不凡。许多情况下，人们一览之下就会为之深深吸引。例如，撇开我们方才的话题暂且不提，中国学者和医生早已对体内气血循环的原理深信不疑，他们确定了血流一周的速度，虽然比哈维开始的现代生理学家确认的速度慢了六十倍之多，但其计算年代却早现代数据两千年。又如中国人发现了内脏—皮肤反射作用，揭示了人体表面反应与内脏器官变化之间存在必然联系的秘密。此外还有一件事，因时间关系我没有提及，那就是对昼夜节律的把握、对人类较长生物节律的认识，并在此基础上研究出一套玄奥的算法，从而确定实施针灸的最佳时间。最后，还发展出一套非常有趣的模式系统，用于在不同身材和肢体比例的人身上寻找穴位。

西方国家对针灸疗法有许多误解。针灸疗法与通灵学、超自然感应或者特异功能丝毫无关，因而也不会博得有上述信仰的人的赞赏。针灸疗法不完全依赖病人的心理暗示，也全然不是催眠现象，它与现代科学化的医学并不矛盾。其结果是它并没有引起西方医学界的同行相轻。针灸疗法只是一种医疗手段，在现代医学诞生以前它就已经历了两千年的沧桑，同时它蕴育生长的那片文明与欧洲文明也大相径庭。如今我们正在用现代生理学和病理学的术语来解读它，并取得了巨大进展，不过前路还是一片未知。理解的关键似乎在于神经中枢系统与植物神经系统的生理学和生物化学机理，不过许多其他体系，诸如生物化学、神经化学、内分泌以及免疫学，也势必与之相关。

另一个极为有趣的问题是依据组织学和生物物理学原理研究穴位的真实属性。因为近代科学并不是自发地从中国文化的土壤中生长起来的，故而传统上说，针灸疗法依据的理论系统甚具中古时代特色，只是理论相当复杂玄妙，并饱含值得现代科学化医学借鉴的真知灼见。同样，未来世界的人若想重新解释和构筑这些理论（如果真有可能的话），还真是一大难题呢。然而，无论是在治疗还是止痛方面，针灸疗法在未来岁月的普通医学领域都会占有一席之地。至于这一天何时到来，现在还言之过早。

【注释】

1 威廉·瑞尼（1647-1700），曾作为医生服务于荷兰东印度公司。1687年他写了部关于亚洲麻风病和热带植物研究的小册子。他是第一位把针灸介绍到西方的人。

2 威廉·哈维（1578-1657），杰出的医生，发现了血液循环。

3 张景岳，名介宾，生于1563年，杰出的中国医生，著有《类经》。

4 阮泰元，中国学者，约活跃于1600年。

5 乔尔丹诺·布鲁诺，活跃于1548—1599年间，意大利哲学家和神学家。

6 沃尔特·佩格尔，杰出的医学史学家，以哈维、帕拉塞尔苏斯和文艺复兴时期医学发展为研究对象，著有多部著作。

7 安德烈亚·切萨尔皮诺，16世纪意大利解剖学家。

8 拉埃多·科隆博，16世纪意大利解剖学家。

9 塞尔维特（1511-1553），西班牙医生和神学家。

10 伊本·奎拉希·纳菲斯，阿拉伯生理学家，死于1288年。

11 安德里亚·阿尔帕戈，16世纪威尼斯驻黎凡特（Levant）总领事。

12 王叔和（265-317），中国脉学家，著有《脉经》。

第五章　与欧洲对比看时间和变化概念的异同

引　言

我答应在今天下午谈一谈中西方对时间与变化这两个概念的不同看法。我想自己也不可能谈出什么新意，并且因时间所限我只有舍掉大量内容，因为只用一个下午来全面了解东西方对时间的整体看法实在太短暂了。（附带说一句，最令我困扰的莫过于使用“Eastern”［意为东方的］和“Western”［意为西方的］这样的说法，“Oriental”［意指东方的，尤指远东地区的］这个词就更难辨，因为阿拉伯、印度和中国这几个民族国家之间的文化差别甚至远比欧洲与当中任何一国的文化差异都要大得多。）不过无论如何，我们还是来看一看时间的循环与延续，而后我要谈的话题有：那些有重大发现的人被奉为神明的情况，以及古代技术为大众所认可的历史阶段，这是科学史最重要的课题之一。最后再讨论随时间积累相互协作的科学与知识，欧洲文明、基督教世界在近代科学来临之际对时间问题的看法，以及中国对时间的认识。

道家与墨家的时间观念

在我们看来，中国文化的哲学基础是一成不变地接受时间现状及其重要性的有机自然观。与之相关的是，尽管中国哲学史上可以找到形而上的唯心主义的存在，甚至这种思想曾取得一定成功（比如六朝与唐代时佛教思想曾盛极一时，又如16世纪时王阳明[1]也曾拥有大批信徒），但它在中国思想领域从来顶多占据次席。因此，时间的主观主义概念并非中国思想的特色。

此刻谈论的当然是古代和中古时代的传统思想，而非高度复杂的近代思想，不过，可以说古代道家哲学中还是清晰地显示出当代哲学甚至相对论的影子。然而，无论时间有何变化，无论国家是兴盛或衰亡，中国人头脑里都永远保存着时间这一概念。这与印度文明的精神气质形成了鲜明对比，似乎又有和古代世界最西端另一个气候温和的国家的居民结成同盟之势。

除道家外，还有战国时期的墨家与名家。与希腊科学思想相比，这两个学派的思想都相当先进。墨家学者已经形成了接近关于时间和运动之间存在函数相关性的思想。斯多葛派（Stoics）学者强调连续的以太而非原子式的宇宙。尽管这一学派开创了多值逻辑之先河，并掌握了函数概念的一大元素，他们的研究却再也无法更上一层楼，因为他们没有把时间看作一个独立变量并把现象视作其函数。借助分析几何学对运动进行描述——伴随时间变化产生的位置变化，则要等到文艺复兴时期的物理学数学化之后才能实现。

在亚里士多德的追随者——逍遥学派（Peripatetics）看来，时间是周期函数而非线性函数，这一看法酷似印度人的思想。他们从未像伽利略（Galileo Galilei）[2]那样把时间视作从任一零点出发，延伸到无穷远处的一个坐标——就像抽象的空间坐标，一个可进行数学处理的几何维度。墨家学者从未研究过诸如欧几里得（Euclid）[3]定理那样的演绎几何学，当然也从未涉足伽利略的物理学，但他们的言论却比大多数希腊学者更多一分现代的韵味。此后在中国社会里，墨家何以未能继续发展，便成为一个只有科学社会学家才能回答的重大问题。不过，对于亚里士多德的多数追随者而言，时间具有某些不真实性，大多数新柏拉图主义者也有同样看法。在中国，佛家学派有一点与他们相同，即他们把世界看作幻象（*maya*）；不过中国土生土长的哲学家从来不这么认为。我想王煜和刘述先[①]二位都会赞同我的看法。

---

① 译注：王煜和刘述先均为香港中文大学哲学系教授

中国重视发明家和革新家

中国古典作品格外重视记载古代发明家和革新家，并赋予他们相当的荣誉，这一点其他文明的古典著作无一可以与之相媲美；或许再也找不出其他民族的文化像中国这样，直到这么晚的历史时期还醉心于把普通人奉为神明。那些或可称作技术史词典，或可称作发明发现记载的文本形成了一种独特的文献种类。该种类中第一部作品恐怕当数《世本》，书中大部分文字只是在列举神话或半神话中杰出人物与发明家的大名以及他们的成就，通常这些人都被冠以黄帝手下大臣的名衔。这部分系统整理了中国神话传说，内容比古代地中海地区有关各种技术的保护神的书籍更丰富详实。据此书说，宿沙作煮盐，奚仲作车，皋陶作耒耜，公输般作硙，隶首作数。[4]【以上出自《世本・作篇》】书中三教九流无所不包（古代神祇被降格为人间俊彦，各行各业的保护神、虚构的崇拜偶像被解释为各行业的开创者），而阐述过程中显然有某些名字是凭空杜撰的。当然还包括一些真名实姓的发明家，历史上绝对确有其人，比如我前面提到的公输般，他又名鲁班，就的确是战国时期的真实人物。迄今最可信的观点是，《世本》最早是公元前234—前228年由赵国人集结成书的，年代稍晚于《吕氏春秋》。自东汉以来千百年间我们可以找到十几部同类典籍，直至15世纪还有人孜孜不倦著书立说，其中就有明代的罗颀[5]写的《物原》一书。

古人如此眷爱发明创造者，以至于有许多人的名字都收入了中国最伟大的自然哲学秘籍《易经》之中。它是一部上古奇书。此书原本收录的尽是农家判断自然界征兆的资料，其间汇总了大量古代占卜方面的数据，最后成书时已成为一部详尽而系统地阐述各种符号及其解释的著作了。众所周知，卦象有八八六十四种，各以长短线条的不同排列组合为标志。因为每种卦象都有其特定的抽象含义，故而全套卦象就扮演了中国科学发展的思想宝库的角色，而那些符号估计代表的正是外部世界展示威力的各种力量。随着时间推移，许多思想深刻的学者文人都纷纷为此书补遗、加注。他们的不懈努力终于使这部著作成为世界文学宝库中最为卓越不凡的典籍之一，在中国社会里声名显赫，以至于迄今汉学哲学家仍然兴致盎然地研究它。就在几年前，的确有人写了一本关于《易经》中时间概念的书，表明此书与这一主题是如何密不可分。宇宙间唯一永恒不变的就是变化本身。然而，或许又有人认为《易经》总的来说扼制了中国自然科学的发展，原因是此书诱使人们着眼于书中先验图式的解说，其实这些文字根本算不上解释。实际上，它是一种阐释自然界新鲜事物的浩大而（我得说）官僚式的文件归档系统，是替妄图逃避深入观察、实验的大脑专门设置的一张舒适的睡椅。

恐怕我们很难探寻出《易经》的确实成书年代，但这部经典名著很可能始于公元前 8 世纪，成稿于公元前 3 世纪，其主要增补内容“十翼”必然可以追溯到秦汉时期。“十翼”之中专有一篇阐述人类伟大发明创造与某几种卦象的关联。据书中所载，文化领域的各位杰出人物正是得益于卦象，头脑才豁然开朗的。换言之，秦汉时代的学者认为很有必要依据这部思想宝典记载的卦象推导各发明创造产生的原因。结网、织布、造船、筑屋、造箭、制磨、演算——所有这些都是从各种卦象中推算出来的。【《系辞下》:“古者包牺氏之王天下也，仰则观象于天，俯则观法于地，观鸟兽之文与地之宜，近取诸身，远取诸物，于是始作八卦，以通神明之德，以类万物之情。作结绳而为网罟，以佃以渔，盖取诸‘离’。包牺氏没，神农氏作，斫木为耜，揉木为耒，耒耨之利，以教天下，盖取诸‘益’。日中为市，致天下之民，聚天下之货，交易而退，各得其所，盖取诸‘噬嗑’。神农氏没，黄帝、尧、舜氏作，通其变，使民不倦，神而化之，使民宜之。‘易’穷则变，变则通，通则久。是以‘自天祐之，吉无不利’。黄帝、尧、舜垂衣裳而天下治，盖取诸‘乾’、‘坤’。刳木为舟，剡木为楫，舟楫之利，以济不通，致远以利天下，盖取诸‘涣’。服牛乘马，引重致远，以利天下，盖取诸‘随’。重门击柝，以待暴客，盖取诸‘豫’。断木为杵，掘地为臼，杵臼之利，万民以济，盖取诸‘小过’。弦木为弧，剡木为矢，弧矢之利，以威天下，盖取诸‘睽’。上古穴居而野处，后世圣人易之以宫室，上栋下宇，以待风雨，盖取诸‘大壮’。古之葬者，厚衣之以薪，葬之中野，不封不树，丧期无数。后世圣人易之以棺椁，盖取诸‘大过’。上古结绳而治，后世圣人易之以书契，百官以治，万民以察，盖取诸‘夬’。”】我想，这篇作品表达的主要是对各技术先驱者的崇敬之意。作者把他们的事迹收入《易经》这样一部无与伦比的世界理论体系著作，供世人景仰。

对先哲表示尊敬还有一套具体仪式。曾周游中国各省的人都会为不可胜数的美丽庙宇所深深吸引，这些庙宇里供奉的并非道家神仙或佛陀菩萨，而是泽被后世子孙的凡人。某些庙宇是为了纪念伟大诗人而建的，例如成都杜甫草堂；有的是为了纪念杰出将领而建，例如洛阳城南的关公林；但古代技术专家又有其格外骄人的地位。我一生中有幸两次前往灌县李冰的庙宇向这位公元前 3 世纪的伟大水利工程师兼四川官员奉香致敬。由他亲自率人在山脊之上开凿的渠道旁边便坐落着他的庙宇，已历经千年。这座倍受景仰的公共工程将大江主干一分为二，至今还担负着灌溉方圆五十公里土地、养育五百万百姓的艰巨任务。

科学技术各领域的发明创造者都在民众的呼声中被奉为神明，而为了纪念他们的丰功伟绩而建造的庙宇就成为这些科学技术分支的代表。隋唐时期的杰出医生和炼丹家孙思邈就拥有这样一座祠堂。为泽被众生的人建庙的风俗一直延续到明代，当时的工程师宋笠使大运河这个代表工程最高成就的词汇化为现实，他故世后人们在运河之滨修筑了一座庙宇纪念他。香火并非只为男子而燃烧。13世纪末，大名鼎鼎的黄道婆就是来自海南的纺织技术专家。她把植棉、纺纱和织布技术传播到大江南北，功不可没。棉区的城乡百姓都非常尊重她，在她辞世后修筑了许多庙宇以资纪念。

由此看来，认为中国人从不认可技术进步的观点是站不住脚的。中国技术前进的步伐或许太过气定神闲，不同于我们熟悉的近代科学兴起后的进程，但其原则绝对清晰。关于人类对科学进步的认识我们稍后再谈。

历史时代分段

同时，我们也可以从另一个完全不曾想过的角度思考技术进步的问题。人类文明发展的三大阶段，即石器时代、青铜时代和铁器时代，被称作现代考古学以及史前考古学的基石，全世界人类文化都依此顺序先后发展。1836年，现代考古学领域的丹麦考古学家汤姆森（C. J. Thomsen）明确阐述了以上思想。根据这一历史分期思想，在他的指挥下，哥本哈根国家博物馆里的大量珍藏才稍具条理。幸运的是，往后十年，他的丹麦同胞沃尔塞（J. J. A. Worsaae）[6]完全以科学为依据、以地层发掘顺序着手归纳整理了出土文物，这还是有史以来第一次。其后这一方法成为远古各时代的基本分期方式，也永远成为人类知识的一部分。

由于诸多因素的限制，这一分期方式还未能广为大众接受，但首先必须承认，石器的确是人类亲手制造的。我们有必要理解，条理井然的地质层与时间之间具有相关性，以及要跳出传统年代学权威理论的牢笼，去了解真正古代的考古学证据。此外，我们还有必要将考古发现与其他知识联系在一起思考，如金属矿藏的地理分布，以及黄铜、青铜和铁器的原始冶炼技术的复原等。

然而，实则这一思想只不过是以汤姆森为核心具体表现出来而已，从16世纪开始这一思想就已清晰。当时，对称作化石的那种东西满怀好奇、醉心研究的人肯定和人文学者一样熟习希腊文和拉丁文文献。他们必定非常熟悉卢克莱修（Titus Lucretius Carus）[7]的诗作《物性论》（*De Rerum Natura*）第五部分，诗中清晰地把历史分为三个时代。这一部分首句为“Arma antiqua manus ungues dentesque fuerunt”，诗文大意是：

> 人类的原始武器有双手、指甲和牙齿，
> 石头和林间树枝，
> 还有火焰甫为人知。
> 此后发现铜铁力量无敌，
> 然而铜先铁后人尽皆知，
> 因为铜质驯顺，

矿藏比比皆是……

诗句写作时代约在公元前60年左右，并被人们称作依据抽象思考制定的文明发展的整体规划。但我毫无把握断言卢克莱修不曾亲自捡到一只装在小瓶里的箭头！无论如何，与他同时代的中国人也说过类似的话，语义毫无二致，他们对从原始人到人类的演化过程的评论绝不输于卢克莱修，坚持自己的论点时更有理有据和有把握。

《越绝书》是东汉学者袁康[8]所著，公元52年完稿，此书势必利用了古代文献。书中写铸剑师的一章里，我们发现一段有关楚王与谋士风胡子的文字，内容如下：

楚王问道："不知为何铁剑可以具有古代名剑的威力呢？"风胡子回答说："每一时代都有其制造器物的方式。轩辕氏[9]、神农氏[10]、赫胥氏为帝的时代，武器都是用石头制成，人们用石器伐树、筑屋、做殉葬品。是先哲指导百姓这样做的。事易时移，黄帝时代武器均为玉制，玉制品也可以用作其他用途，诸如挖土、殉葬之类。这是古代贤王指导下的做法。后来大禹挖渠治水，武器就都是青铜铸造的了；他用青铜工具掘开伊阙峡谷、洞穿龙门。同样引导长江、黄河之河道，一直挖通到东海。这样各地交通便利了，全国也平静祥和了。青铜工具还应用于筑造房屋和宫殿。当然这些也全都是先贤的功绩。而今我们这一时代冶铁铸造武器，故此前三种武器只得退让，四海之内无不恪守臣道。铁制武器的威力是多么巨大啊！以此说来殿下也拥有了贤王之德啊！”楚王答道：“我明白了，这是历史的必然啊。”【《越绝书·越绝外传记宝剑》：“楚王曰：‘夫剑，铁耳，固能有精神若此乎？’风胡子对曰：‘时各有使然。轩辕、神农、赫胥之时，以石为兵，断树木为宫室，死而龙臧。夫神圣主使然。至黄帝之时，以玉为兵，以伐树木为宫室，凿地。夫玉，亦神物也，又遇圣主使然，死而龙臧。禹穴之时，以铜为兵，以凿伊阙，通龙门，决江导河，东注于东海。天下通平，治为宫室，岂非圣主之力哉？当此之时，作铁兵，威服三军。天下闻之，莫敢不服。此亦铁兵之神，大王有圣德。’楚王曰：‘寡人闻命矣。’”】

这样看来，中国的时代分期顺序也和卢克莱修诗中阐述的一样清晰明白，只不过中间插入了玉石器具的时代，其所谓玉石很可能指的是一种质地较佳的石料而已。相比之下袁康的阐述有两处优势。

其一，他的作品属于典型的古代传统。只要翻阅战国时期诸子百家的作品，我们就能发现人们在汲取周朝末期高度文明的经验后经历了多少发展阶段。道家与法家自公元前 5 世纪开始合著了一部有关古代历史和社会进化历程的科学性极强的作品。著者大肆引用古代贤王尧舜的英雄事迹，把他们奉为圣明，写入诸如魏国的《竹书纪年》这样的编年史，和鲁国著作《春秋》一样流传千古。两书还收录了古代文化杰出人物和发明家的名单，后来这份名单成为《世本》一书参考的原始资料，此外还收录了大量口头流传的神话传说。著者依据这些资料替各文化发展阶段排列顺序，并有意识提到周代百姓的生活习俗以资参考。他们谈到有人住在树顶巢穴里（或是湖上木排屋里），有人穴居地下，甚至住在山洞中；提到用采集方式寻找食物的阶段，以及火和熟食的来源；谈到人类首次制作服装；谈到制陶工艺的发展；还谈到最早的甲骨文。《韩非子》中有一篇援引了由余和秦王之间的一次谈话，从中我们可以看出作者势必曾经亲眼目睹新石器时期的陶器，包括红陶与黑陶，也必然见过铸有鲜明浮雕花纹的青铜器皿。【《韩非子·十过》："昔者尧有天下，饭于土簋，饮于土铏。其地南至交趾，北至幽都，东西至日月所出入者，莫不实服。尧禅天下，虞舜受之，作为食器，斩山木而财子，削锯修其迹，流漆墨其上，输之于宫以为食器。诸侯以为益侈，国之不服者十三。舜禅天下而传之于禹，禹作为祭器，墨染其外，而硃画书其内，缦帛为茵，将席颇缘，触酌有采，而樽俎有饰。此弥侈矣，而国之不服者三十三。夏后氏没，殷人受之，作为大路，而建旒九，食器雕琢，觞酌刻镂，白壁垩墀，茵席雕文。此弥侈矣，而国之不服者五十三。"】就像方才引述的《越绝书》中的一段文字那样，木、石、青铜和铁往往和某位神话中统治者的名字联系在一起。就这个题目，不难写出一整本关于原始考古学的著作。

其二，中国的著述比欧洲优胜还因为，这三个技术发展阶段在中国次第推进的速度比欧洲迅速，故而大体可以视作历史阶段的一部分，而非单纯史前历史事件。石制工具在商朝仍然应用广泛，甚至一直沿用到周朝中期铁器出现后才销声匿迹；这似乎是因为任何一个历史时期，青铜都不太适宜铸造农具吧。从砭石这个词汇中显然可以看出，古代作针灸之用的医针是由石料磨制而成，针尖很锋利，而医生一直保持这一传统。商朝以前的新石器文化时期统称夏朝，如今已知当时青铜器尚未出现。然而，商汤时代铜、锡和青铜的冶炼技术都迅速达到了最高水平，而所谓“美金”一直用于铸造武器和美轮美奂的祭祀器皿。【《国语·齐语》：“美金以铸剑戟，试诸狗马；恶金以铸鉏、夷、斤、斸，试诸壤土。”《管子·小匡》：“美金以铸戈、剑、矛、戟，试诸狗马；恶金以铸斤、斧、鉏、夷、锯、欘，试诸木土。”】这种传统一直延续到周朝中期。铁器恰恰在一个关键历史时期问世了，当时正值公元前6世纪中期，比儒家大师孔子的诞生稍早一点；回溯历史，我们不难看出铁器带来了深远的社会影响。

基于这两点，企图随心所欲地搁浅卢卡莱修的意见不予考虑的人就愈发缺乏正当借口肆意驳回袁康归纳的理论了。有人写道：“这并非抢先两千年就可以天才地垄断科学的事。一位头脑机警的聪明人只不过是在歪曲历史可能性，他毫无事实依据，甚至连验证自己理论的想法都没有。”实际上，这一评论错误得无以复加，与之类似的其他言论也全不足取。周代和汉代的学者的确不曾掘地三尺寻找出土文物，但他们论断三大技术发展阶段的论证基础之可靠性却远远超出这样一位评论家所能想象的程度，因为，当时中国文明的行进步伐使他们有条件成为历史学家，而非史前学家。

对比中国与欧洲的技术进步

现在是该抛开古代技术的话题、进而讨论知识进步的时候了。在此我们一直在思考人类知识随时代变迁循序渐进的问题。臆测中国文化领域从未产生过这一概念是毫无道理的，因为在任何一个历史时期都可以找到文字资料，除了对古代先贤表示敬意之外，足以证实中国文化的确在进步。中国学者和科学界人士坚信中国的文化进步远远超出远祖先辈所知的范畴。那一张张天文图早已使这一点昭然若揭，全套图表从周朝中期而至清朝共约一百二十张。通常这些天文图被称作“历”，其实和格林尼治天文台（Royal Greenwich Observatory）出版的《航海天文历》（*Nautical Almanac*）一样是一种带有星历表的历书，故而图表本身也是一份天文学论著。不幸的是，西方历史学家，包括我本人，都忽视了它们的存在，这是很不公平的。新君登基都希望为自己制作一份新的历书，必须比以往作废的更美观、更准确。中国历朝历代的数学家和天文学家之中，从没有哪一位胡思乱想、试图否认自己所精通的这一门科学始终在不断发展、连续进步。我的一位日本好友兼同事桥本敬造（Hashimoto Keizo）[11] 正在写一本书，具体分析中国天文学家绘制的天文图精确性不断提高、一张更比一张详细。我们同样可以这样评述药物学家，他们对自然王国的描述始终在前进、前进、再前进。大家可以参详公元前 200 年至 1600 年间问世的各类本草的主要条目，列表以后我们才看得出千百年来医药学知识有怎样惊人的发展。自 1100 年以来人们的药物知识有巨大飞跃，原因很可能在于人们已经渐渐熟悉了海外（阿拉伯和波斯）的矿物和动植物。

将中国的情况与欧洲作一番对比是很有价值的。多年前，伯里（J. B. Bury）[12] 就在其有关发展概念的巨著中写道，在弗朗西斯・培根（Francis Bacon）[13] 时代之前，西方学术著作中只能找到些微有关知识进步的入门知识。这一概念的产生牵涉到 16、17 世纪赫赫有名的古今之争。人文学者的研究表明，世上有许多新生事物都是古代西方社会不曾掌握的，例如火药、印刷术和罗盘等。很久以来，西方世界丝毫不知道原来多少类似的技术革新创造都诞生于中国或者亚洲其他国家，但就如我们所知，西方发现这一事实以后陷入一片窘迫的混乱局面；与此同时科学技术史的研究也诞生了。

伯里主要致力于研究与文化史有关的社会进步。多年之后埃德加·齐尔塞尔（Edgar Zilsel）[14]扩展了这一研究方向，主要研究与“科学的理想境界”有关的社会进步。他认为科学的理想境界包括以下诸方面：（1）科学知识大厦是历代劳动者一砖一瓦堆砌筑造起来的；（2）其建设过程永无止境；（3）科学家的初衷是对这座大厦无私的奉献，或是为公众谋利益，而不是图谋自身扬名立万、积累知识，更不是为自家谋福利。齐尔塞尔说得明白，文艺复兴时期以前这些信念无论在言论上还是在行动上都难得一见；即使到了文艺复兴时期也不是学者开创出来的，当时学者仍然追求个人风光。这些信念出现在手艺高超的工匠之中，他们为劳动环境所限，互助合作相当普遍——其中包括著名匠人诸如炮手尼科洛·塔尔塔利亚（Niccolo Tartaglia）[15]，制造航海罗盘的罗伯特·诺曼（Robert Norman）[16]等人。

帝国主义兴起阶段的社会状况对这些人物的活动极为有利，因此他们的理想才得以在世界上取得一定进步。据齐尔塞尔研究，科学与手工艺不断发展前进的思想首次出现可以追溯到马梯阿斯·劳立沙（Matthias Roriczer）[17]，1486 年他著述的一部有关教堂建筑学的书问世。齐尔塞尔写道：“于是，科学的理论与实用诠释都被视作一种并非出自个人目的进行合作的产物，在这一合作中，过去、现在、未来的所有科学家都是其中一员。”接着他又谈到，如今虽然这一想法或称理想几乎可以说是不言而喻的，但是无论婆罗门、佛教教徒、穆斯林，还是拉丁经院主义学者，无论儒家学派还是文艺复兴时期人文主义者，无论哲学家还是古代演说家，谁都不曾取得成功。在此，如果齐尔塞尔没有在书中提到儒家的话，他的论断就更趋完善了。他本该留待欧洲对儒家多了解一点之后再提到他们的名字，因为事实上，与文艺复兴以前的西方各国相比，恐怕还数中世纪时代的中国最具无私协作、积累科学知识的传统。

中国人的合作精神

着手寻找引证语句之前，我们应当回忆一个事实：古往今来多少中国人致力于探索天文学奥秘，他们绝不是一些出于个人爱好观测星空的怪人；观测星空是国家赋予的职责，而通常情况下，天文学家也都不是自由之身，他们往往身为宫廷官吏，而天文台也常常修筑在宫墙之内。无疑，这种情况是利害参半的，不过无论怎么说，团体合作收集资料的传统肯定深深植根在中国科学的沃土里。于是，成群出色的计算学家和工具发明家紧紧围绕在诸如 8 世纪时的一行、11 世纪时的沈括和 13 世纪的郭守敬[18]这样的伟大人物周围。天文学领域的情况同样适用于博物学家的研究，因为大量药典正是遵照皇帝的旨意编纂而成的。现实生活中，中国第一部钦定药典是659年的《新修本草》，而西方第一部钦定药典是1618年的《伦敦药典》（*Pharmacopoeia Londinensis*），迟了近一千年。同时我们还知道有大批学者耗费二十年青春共同搜集资料，研究药物和生物分类学，例如620—660年间以苏敬为首的大批学者就是如此。从这一意义上说，踏着前人足迹继续积累知识的中国中古时代科学家和历史学家极为相似，因为史学家也需要集体协作才能编撰出我们早已熟悉的那几部光耀后世的史学巨著。

我要引用几位前人的言论，好证实一下中国科学领域这一出人意料的情况。每一代学者都以前人奠定的自然界知识基础为立足点，同时也时刻关注自然界，以期通过实际观测和实验增添一些新知识，因此科学是经过日积月累才逐渐形成的。1671年，爱德华·伯纳德（Edward Bernard）[19]写道："书籍与实验相辅相成，二者一旦分开就会暴露缺陷，因为在古代那些付出劳动做实验的人往往是文盲，而著书人则经常无视科学事实而被传说故事蒙蔽双眼。"

中国文化以经验主义为主导

中国传统文化中经验主义思想始终锋头强劲。我很喜欢《慎子》中的一篇文章，文中讲道："历朝历代治水者用的都是筑堤堵截的办法；他们并未从大禹治水的事迹中汲取经验，而是在水灾中汲取了教训。”【《慎子·慎子逸文》：“治水者，茨防决塞，九州四海（《绎史》引此四字作：虽在夷狄），相似如一。学之于水，不学之于禹也。”】此书大约写于3世纪。而在8世纪的著作中有一本名叫《关尹子》的书，书上写道：“擅长挽弓射箭的人从弓箭上琢磨技术，而不是向射手后羿学艺。善思考者向自身学习，而不是向圣贤讨教。”【《关尹子·五鉴》：“善弓者师弓不师羿，善舟者师舟不师奡，善心者师心不师圣。”】这种说法与《庄子》记载的有关制造车轮的工匠扁的故事有几分相似，故事中扁告诫齐王不要只坐读古书，而忽略亲身体验人性、掌握统治艺术，这就好比工匠应当亲自研究木料与金属性质才能有收获一样。【《庄子·天道》：“桓公读书于堂上。轮扁斲轮于堂下，释椎凿而上，问桓公曰：‘敢问，公之所读者何言邪？’公曰：‘圣人之言也。’曰：‘圣人在乎？’公曰：‘已死矣。’曰：‘然则君之所读者，古人之糟魄已夫！’桓公曰：‘寡人读书，轮人安得议乎！有说则可，无说则死。’轮扁曰：‘臣也以臣之事观之。斲轮，徐则甘而不可，疾则苦而不入。不徐不疾，得之于手而应于心，口不能言，有数存焉于其间。臣不能以喻臣之子，臣之子亦不能受之于臣，是以行年七十而老斲轮。古之人与其不可传也死矣，然则君之所读者，古人之糟魄已夫！’】

这样，就在儒家敬奉先贤、道家哀悼原始村落一去不复返的时候，愈来愈多人坚信真知实学已然诞生，并且必将继续发展下去；只要人们认真观察周围事物，并且在他人观察既得的可信知识基础上更上一层楼，那么知识的发展前景是难以估量的。“格物致知”——意思是只有研究客观事物才能获得知识。这一意味隽永的词汇出于《大学》；【《大学》：“大学之道，在明明德，在亲民，在止于至善。古之欲明明德于天下者，先治其国；欲治其国者，先齐其家；欲齐其家者，先修其身；欲修其身者，先正其心；欲正其心者，先诚其意；欲诚其意者，先致其知；致知在格物。”】《大学》很可能为孟子门生乐正克所著，大约在公元前260年问世，后来成为儒家经典名著之一。大家知道，格物致知这句话后来成为历代中国博物学家和科学思想家高举的标语口号。

在中国任何一个时代的文字中都可以找到可供引证的句子，足以证明科学的确是一项日积月累、无私合作才能成就的事业。后世常常引述孔融[20]（208年去世）的一篇佳作，文中孔融认为与古代先贤的名言相比，智者的想法毕竟更适宜他的时代；为详尽阐明自己的论点，他举证了在磨麦和磨矿石的杵锤上安装水车的例子。【《太平御览》卷七百六十二《器物部七・碓》：“孔融《肉刑论》曰：‘贤者所制，或逾圣人。水碓之巧，胜于断木掘地。’”】早在公元20年前后，桓谭[21]就已排列出工业动力顺次为人力、畜力、水力的顺序；【《太平御览》卷七百六十二《器物部七·杵臼》："桓谭《新论》曰：'伏羲制杵臼之利，后世加巧，因借身以践碓，而利十倍。'又曰：'复设机关，用驴赢牛马，及役水而舂，其利百倍。'"】此举的重大意义绝不下于前文中我们谈了多时的三大技术时代的排序。

604年，天文学和地球物理学领域的专家刘焯[22]上殿奏请重新测量太阳阴影的长度，建议用大地测量法鉴定子午弧数据。他言道："如此天地固然无可遁形，太空天体也必将其相关数据全数献上。我们将会超越前人造诣，对宇宙的一切疑惑必能一举消除。恳请陛下不要崇信前朝的过时理论，对它理应弃置不用。"【《隋书·天文上》："请一水工并解算术士，取河南、北平地之所，可量数百里，南北使正。审时以漏，平地以绳，随气至分，同日度影。得其差率，里即可知。则天地无所匿其形，辰象无所逃其数，超前显圣，效象除疑。请勿以人废言。"】然而，皇帝陛下并未同意他的请求，于是直到下一个世纪刘焯的愿望才得以实现。723—726年间，在一行和当时钦天监官员南宫说监督之下，跨地两千五百公里的子午弧测量工作轰轰烈烈地宣告结束。勘测结果的确与早年定论有出入，他们在测验报告中表现出一种进步意识，即有关宇宙的陈旧观念必须向先进的科学观察低头，即使先儒学者会因此蒙羞也在所不惜。11世纪末期，科学应循序渐进的思想再次向古时改朝换代后必须更新一切的迷信观念发起了冲击。一位新任宰相企图破坏苏颂制造的天文仪器水运仪象台。此举无疑含有党派纷争的成分，幸而有两位学者官员晁美叔和林子中挺身而出，拯救了这台他们无限仰慕、视作古往今来天文学一大进步的仪器。他们最终取得了胜利，这座大钟得以继续“滴滴哒哒”地敲响，直至1126年金人攻陷宋国都城，国破之日大钟终于喑哑了。水运仪象台被运至大金国都（即现在的北京城附近）重新组装。此后大钟继续工作了一二十年，由于金人之中无人能够修缮此钟，不久它就永远地停摆了。

每当谈及这些天文钟的时候，我们往往可以发现“前无古人”这句话。例如，1354年，元末顺帝妥懽帖睦尔亲自监造了一架配有精巧起重装置的水力机械钟，介绍这架仪器的文字中就用到了这句话。事实表明中国学者非常清醒地意识到科学技术领域取得的新成就毫不逊于古代先哲的贡献。在资料俱全之前，欧洲文艺复兴以前的学者对知识和技术进步是否也有同样清醒的认识还有待了解。

中国的科技发展按部就班

西方的普遍看法是中国传统文化一直停滞不前、毫无进展，但依据以上这些事实看来，这种认识根本属于西方典型的错误认知。不过，如果改用内部稳定或按部就班这样的措辞或许就公平得多，因为中国社会内部确实存在某种力量苦心孤诣、历尽重重阻碍试图恢复其封建官僚主义特色的本来面目，无论这些阻碍来自国内争战、外来侵略，还是来自发明创造本身。眼见中国的技术革新一旦在欧洲大陆上落地生根，就给欧洲社会制度带来了惊天动地的巨大变革，的确令人惊心动魄，然而相比之下中国社会却几乎全无变化。例如，我们曾在以往一次讲座中谈到，西方世界推翻军事贵族为首的封建社会，宣判封建堡垒灭亡的过程中，火药的确劳苦功高；然而中国创造火药的五百年来，文官当权的官场岿然不动、依然如旧。另一个极其显著的例证就是马靴上的马镫带，西方得以开创封建社会可以说与这一发明息息相关；然而在它的故乡中国，它从没有引起社会秩序的混乱。我们还可以举冶铁技术为例，中国比欧洲早一千三百年掌握这一技术。在中国，无论是战争年代，还是和平时期，铁的冶炼技术都得到广泛应用；而欧洲却把这一技术在铸造大炮上发挥得淋漓尽致，我以前提到过，正是这些大炮轰塌了封建堡垒的铜墙铁壁，此外工业革命时期它还被用来铸造机器。

事实真相平淡无奇，正是由于中国科学技术坚持以缓慢的速度持续发展，故而西方文艺复兴时期近代科学诞生之后，其进步速度大大超越了中国。据说，最行之有效的发现方法本身就是在文艺复兴时期伽利略生活的时代发现的，依我看这种说法再确切不过了。当时用数学方法处理了大量有关自然界的假想问题，并不断求助于科学实验来验证这些假想。而我们应当意识到的重要事实在于，尽管中国社会稳定、善于内部调节，但科学和社会进步的思想、时代变革的思想毕竟还是产生了。因此，无论保守势力多么强悍，当时机成熟时，就比如今天这个时代，阻碍现代自然科学技术发展的意识形态势必荡然无存。

基督教对时间问题的看法

最后，我们来谈谈本次话题中最重大的问题：即如果中国特有的时间概念和历史概念与欧洲相关思想之间确实存在差异的话，那么这些不同点之间是否也存在什么必然联系呢？是否近代科学技术果真拖延到这么晚的时代才得以兴起吗？许多哲学家和作家论点有二：其一，假设在各类文化中以基督教文化最热衷于研究历史；其二，认为文艺复兴时期和科学革命时期的意识形态有利于当代自然科学不断发展。

西方历史哲学家早已把第一条论断当作自己思考的出发点，对它格外熟悉了。基督教与其他宗教不同的是它与时间之间有一条牢不可破的纽带关系，道成肉身（Incarnation）[②] 的故事就发生在某一特定时间，而这一故

---

② 译注：基督教认为基督是三位一体中的第二位，即圣子，他在世界尚未创造出来之时就与上帝圣父同在；因世人犯罪无法自救，上帝乃差遣他来到世间，通过童贞女玛丽亚肉身成人。

事对整个历史发展都具有重大意义，并且塑造了西方历史格局。然而，基督教的根源来自于以色列文化，以色列拥有自己的伟大先知的传说，这一文化传统中时间同样具有实际意义，并且成为蕴育历史真实变迁的营养液。依据史实记载的时间来看，或许第一个重视时间的价值，第一个目睹神灵显圣的西方民族就是犹太人了。在基督徒看来，历史是围绕一个时间中心，即史实中的耶稣基督的一生展开的；历史从创世开始记载，经过上帝与亚伯拉罕订立约定，最后结局是耶稣第二次降临凡尘，领导世人度过千年盛世后世界终结。

早期基督教教义中根本不知有永恒不朽的神灵，不知道上帝“现在、过去、未来”与人同在（就是正统派祈祷书中那句铿锵有力的祷告词“aiōnōntōn aiōnōn”，意思是永永远远），不知道上帝连续不断、拯救世人的时间历程，更不知道上帝救世的具体计划。以早期基督教世界观来看，循环往复、永无止境的“现在”永远独一无二、空前绝后，具有决定性意义；展现在“现在”面前的是“未来”，未来可能也势必受到人为因素的影响，人类施诸不可逆转、意义深远的整体历史进程的影响或许是推动作用，也许是扼制作用，作为一种社会目的，将人奉为神灵的行为在历史中得到肯定。神是意义与价值的化身，正如上帝也具有人类天性，他的死具有典型的献身精神。换句话说，世界历史进程就是在唯一一座戏剧舞台上演的一幕永远没有重复表演的绝世佳作。

希腊与印度的轮回思想

人们习惯于把这一观点与希腊和罗马的思想放在一起对比，其中希腊文化以轮回思想为主，故而与基督教观点的差异也格外鲜明。赫西奥德（Hesiod）的长诗中写道，次第登场的各个时代内容彼此雷同，而现已确认得自毕达哥拉斯（Pythagoras）[23]亲传的少有的几条思想之一就是希腊人的轮回永生思想。希腊化时代末期，斯多葛学派宣扬世界分成四大时段，马可・奥勒留（Marcus Aurelius）[24]宣扬宿命论思想。亚里士多德本人和柏拉图也往往这样推测：文理各学科都曾多次经历过由盛而衰的过程，于是时光倒流回到历史的起点，世间万物也都还原成最初的模样。当然这些思想也常常与天文观测与计算中的长距离回归问题结成一体。而后才有了大年（great year）③之说，此说很可能出自巴比伦。

这样一来，在循环轮回思想指导下，再没有新鲜事物了，因为未来已是定数，现在的事也不是独一无二的，所有时间都是过去："已有的事，后必再有。已行的事，后必

---

③ 译注：大年，天文学术语，指春分点沿黄道运动一整周的周期，约为 25800 年。

再行。日光之下并无新事”。因此超度灵魂只能看作逃避当时社会的举动；而希腊人为几何推导过程永恒不变的格式心醉神迷，柏拉图主义理论最终成形，以及“神秘宗教信仰”的问世或许都有部分原因源于轮回思想吧。

刚从现实生活的车轮周而复始的旋转中解脱出来，我们立即就回忆起佛教与印度教的世界观。就这一方面而言，印度教教义似乎的确与非基督教文化的希腊传统思想极为相似。一千摩诃育伽（据估计约合 40 亿年）合一个婆罗贺摩日，即一劫④，晨曦初露时万物重新创生、发育成长，日落时万物消融，再次被世界吸纳，所有生灵都归于永恒。

每一劫的昌盛与衰亡都会产生循环不止的神话故事。有神灵与巨人（即印度教主神之一的毗瑟拏）交替取胜的故事，有翻江倒海寻觅长生不死药的故事，还有史诗《罗摩衍那》[25]和《摩诃婆罗多》[26]当中记述的故事。此后，就像《本生经》[27]中记载的那样，佛陀化身无数，于是也演化出难以计数的传说。实际上，印度哲学思想中似乎从未产生过堪称史无前例的观念，其结果是，大家普遍认同各个杰出文明之中以印度文明最缺乏历史意识。古希腊与希腊化文明从未受到以色列文明的影响，因而只有很少人敢于打破盛行于世的轮回思想的牢笼，例如历史学家希罗

---

④ 译注：古印度传说中世界经历几万年后会毁灭一次，而后一切重新再生，这一周期称为一劫。

多德（Herodotus）[28]和修昔底德（Thucydides）[29]，他们也只能摆脱一部分束缚而已。当然在印度有养家职责的户主与庄稼汉已经利用自己的智能大幅度删改了盛行于当时的悲观主义世界观，他们实则自成一套斯多葛学派理论，至少为普通人的社会生活赢得了一点高尚地位。

时间意义与空间价值

那位定居纽约的杰出神学家田立克（Paul Tillich）[30]用精辟得有如警句一般的语言将这两大类世界观的特色一并阐述了出来。在印度—希腊文明中，空间概念超越了时间概念，因为时间循环往复、无休无止，故而暂时性的世界不及永恒的世界那样真实，因此也就没有多少价值。只有透过转化过程的帘幕才能寻觅到存在；救赎自心只有自己才能完成（最佳例证就是自己解救自己灵魂的菩提祖师），靠群体力量是救不了自己的。世上各个时代一个接一个地消亡，因而最合宜的宗教既不是多神崇拜，也不是泛神论。这样的宗教信仰只关注当世利益，却不敢放眼未来，只图在永恒之中寻找不朽的价值，实质上是悲观主义思想。犹太—基督教文明恰恰与之相反，时间意义胜过空间价值：他们认为时间的推移目的明确、意义深远，它目睹了善恶双方旷日持久的斗争（此时波斯也加入以色列和基督教文明的行列中来），斗争中善良一方必定取得胜利，故而从本体论角度上说暂时性世界是善良的。真正的存在正在形成，而拯救心灵的目的在于整个人类群体走上历史舞台。世界纪元以某一定点为核心，由此确定了整个人类历史的意义；这一时代纪元可以战胜一切自我毁灭倾向，创造出不会因时光流逝而灰飞烟灭的全新事物。由此说来，最合乎现实需要的宗教是一神论，上帝只手擎天，主宰着时间与世上发生的一切。这种信仰蔑视现实生活中的一切，似乎只关心理想社会，但它还可以补救，并非完全虚幻、不现实。希望踏上上帝的乐土就必须信奉这一宗教。因此，它绝对是乐观主义思想。

基督教教义对历史有极清醒的意识，这一点我认为可以接受。第二条论点看上去可能与历史哲学家有某种关联，却不像是由这些学者亲自提出来的。第二条论点说明文艺复兴时期这种对历史的清醒认识直接有助于现代科学技术的兴起，因此也成为解释现代科学技术振兴的元素之一。如果它确能解释欧洲科学技术发展的根源，那么假如其他文化缺乏（或者假定缺乏）这种对历史的认识，就足以阐释何以这些文化中见不到科学革命的踪影了。

时间对科学思考的重要性

毋庸置疑，时间是一切科学思考的基本参数——占宇宙自然界的一半，恐怕还要占已知维度的四分之一——因此惯于贬低时间价值的做法不利于自然科学研究。绝不能把时间当作虚幻不实的事物不闻不问，也不能和永恒存在的事物相比之后就轻视它的价值。时间是产生一切自然知识的根源，无论这些知识是基于各时代的观察还是基于实验得来，因为前者涉及大自然的统一性，而后者肯定需要一段时间，实验中大家势必尽己所能精确地控制时间。

坚信时间是实在的就能赋予你鉴别事物之间因果关系的能力，而这种洞察力是研究科学的基本能力。犹太—基督教文明认为时间是永往直前的，而印度—希腊文明则坚信时间是循环往复的；我们知道如果实验周期过长，实验人员就几乎意识不到时间周期的存在，因此何以前者比后者更偏爱时间的真实性就不是一眼可以看穿的了。不过说起来，轮回理论实则只有损于日积月累、永无止境的自然知识中的心理学问题；持续不断地积累自然知识是历代能工巧匠的理想，但直到英国皇家学会及会中名家学者手中才真正结出累累硕果。如果人类为科学付出的心血注定会付诸东流，日复一日、千秋万载都只不过纠缠在无穷无尽的辛苦之中，那么人们肯定宁愿参禅打坐、修习斯多葛派的超脱思想，激进地逃避劳苦，也不愿陪着同事日以继夜地在一座海底火山口上盲目地堆砌礁石，把自己累得筋疲力尽。

当然心理的力量不会永远在这一方面遭到削弱，否则亚里士多德也不必千辛万苦地研究动物学了。然而，我们有理由相信（与希腊人强调个人主义不同的是），用社会学术语来说，科学革命的精神实质的一部分就在于同心同德，戮力合作；科学革命大大扼制了盛行一时的时间轮回思想，它真正的理论环境显然正是线性时间理论。

线性时间概念

从社会学角度分析，线性时间的概念还有另一种表现。致力于教会和政权从根本到细节全方位改革的人们从中大获信心，从而不仅创生了新型科学（即实验科学），而且塑造了帝国主义新秩序。那么难道早期商人就不能和改革者一样坚信社会必将采取断然措施，巨大变革在所难免吗？当然，线性时间概念不可能是促成社会变革的基础经济条件，但它很可能成为促进改革历程顺利进行的心理因素。变革本身也具有神圣不可侵犯的权威性，因为毕竟新约已然替代了旧约，而各项预言也纷纷应验了；随着改革的蓬勃发展，有多纳图派（Donatists）[31] 至胡斯派（Hussites）[32] 的诸多宗教改革传统为后盾，人们又开始漫无边际地幻想建设人间天堂了。

周而复始的时间观念里绝对谈不到世界末日。无论科学革命如何严肃，不容夸张，如何受到亲王的保护，都必然和这些看法息息相关。1661 年，约瑟夫·格兰维尔（Joseph Glanville）[33] 写道："老话讲：以前没人说过的话现在还是没有人说。这句令人心灰意冷的格言着实出乎我的预料。我不可能忠心耿耿地信奉所罗门的旨意；近年来我们已经亲眼目睹了古人从未见到过的现象，那可不是梦幻啊！”过去的历史不再完美，书籍与古代作家都被束之高阁，人们不再整理蛛网般纷乱的思绪，而是着手利用新型实验技术和数学假想探索大自然的真谛，因为此时发现方法本身已然被人类发现了。

千百年来，线性时间的概念一如既往，甚至更加深刻地影响着当代自然科学研究，因为人们发现星际宇宙本身也有自己的历史，于是宇宙进化论被用作了生物学和社会进化论的理论依据。启蒙主义者坚信人类还在进步发展。故而把犹太—基督教文化中的时间概念用到了世俗事物中。虽然今天的人文主义学者、马克思主义者与神学家之间的争论披着不同色彩的外衣，但在印度人眼中，这些外衣其实毫无二致，从里到外早已破烂不堪。

线性时间与轮回思想的对垒

谈到此处，恰好引到中国文明的位置问题上。时间呈线形延展、一直向前的概念和轮回往复、永无休止的神话两军对垒的阵式中，中国文明究竟站在哪一座阵营里呢？无可置疑两种论点成分兼容并包，不过以我之见，广义而言还是以线性理论为主（尽管从另一角度看去又有不同结论）。当然，即使在欧洲文化领域中，时间的概念同样是二者的混合体；因为虽然占主导地位的是犹太—基督教文明的论点，但印度—希腊文明的观点也从未销声匿迹。我们可以看到，当代学者斯宾格勒（Spengler）的史学观点就是这种“二合一”的产物；历史其实一直如此。奥里留·奥古斯都（Aurelius Augustinus，即圣奥古斯丁）在《上帝之城》（*The City of God*）一书中阐述了以时间单向延续为基础的基督教理论体系，并撰写了基督教历史，而亚历山大的克雷芒（Clement of Alexandria）[34]、米纽修斯·费里克斯（Minucius Felix）[35]和阿诺比乌（Arnobius）[36]都更偏爱像“大年”那样的星际循环理论。不过欧洲史上它们的意义并不重大，我也就毋须另外举例说明了。

中国情形大抵相同。在早期道家的哲学思考中，当然以时间循环的思想最为突出，而在后期道教的思想中，则强调循环报应终有时，宋明理学思想认为世界周期性的混沌之后宇宙、生物、社会都会更新重塑。后期道教思想与宋明理学无疑深受印度佛教的影响，随着佛教传入中国，中国人也开始对摩诃育伽、劫和千劫之类的说法津津乐道。但早期道家哲学并未受它影响，其哲学思想中也的确找不到这类高深道理的影子。相反，我们见到的是充满诗情画意的遁世思想，它是在接受了四季更迭、生命有限的现实基础上产生的态度。但他们全都忽略了两大因素，其一是古往今来中国百姓人数众多，其二是儒士充斥官场，在参拜宇宙或大自然的古老仪式中辅佐君王，并且执掌钦天监和皇史宬。

线性时间概念与中国文化的关系

一百多年来，中国文化对时间线性概念的清醒认识以及史学记载方面取得的非凡成就一直为汉学家称许；或许各国的史学成就中以中国的成就最为卓越。于是，卜德（Derk Bodde）[37] 在一篇有趣的论文中写道：

> 中国人极其关注人类事件，与此大有关联的就是中国对时间的感知，他们认为人类事件都应当嵌入时间框架。其结果是大量史学著作构成了一个不可分割的整体，记载了跨越三千年的历史。历史具有显著的指导作用，因为读史可以鉴今，人们就会认识到今天和未来应当如何立身……中国人对时间概念的清醒认识是他们和印度人之间又一项显著的差别。

卜德对中国伟大历史学传统的评价还是相当中肯的；中国历史将“仁义”二字视作人类历史的化身，因此竭力记载有关仁义的具体事件。“仁义之道是辅助朝廷统治的。”有了这番先入之见，对仁义二字的褒贬就难免带有些许局限，言语之间更是缺乏活力；但仁义之道的确是佛教信仰中业果报应⑤ 之说以外统治思想的最高境界了。可以断言

---

⑤ 译注：业，音译为“羯摩”，佛教术语，称身、口、意三方面的活动为业，认为业发生后不会消除，必将引起今生或来世的因果报应。

的是，社会恶果必由社会恶行而起，结果或许是昏愦邪恶的统治者本人身败名裂，但灾祸也可能（或许只不过是）降临到他的家人或王朝头上；无论如何灾难总是在所难免。今生善恶，来世报应，投胎转世之后再行赏罚的制度传自海外。因为儒家历史学家更关注整个社会，而不是某一个人的因果报应。假如他们的观念里没有线性时间观念，那么他们居然具有这种历史意识，像蜜蜂一样辛苦劳作就着实令人难解。同时，华夏文化史就绝不会遗漏社会进化理论，富于创造力的文化大师开创的技术时代，以及对人类纯科学和应用科学日积月累、不断发展的赞赏。

犹太—基督教文明将时间流逝解释为某一特定空间发生过具有世界意义的重大事件。最终人们很可能轻易高估这种解释。中国史学思考中，公元前221年秦始皇统一中国永远都是令人无时或忘的焦点问题，最关键的原因在于政教合一，于是没有爆发皇权与神权之争。如果大家希望了解更具精神影响的事例，我们势必提到万世宗师孔圣人，是他制定了中国伦理——道。作为一位无冕之王，他的深远影响一直延续至今，他的历史地位至少与西方或中东地区的道德和宗教祖师们并驾齐驱。以我在这里提出的例证而言，无法证实儒家观念实质上很落后。孔子在世时，他的“道”并没有付诸实施，然而他坚信一旦大道施行，当地的百姓就会过着和平安逸的生活。这一信念比基督教教义更注重现实世界，因为严格地讲，所谓“天道”并不是超现实的“道”；一旦这一信念与道家原始主义蕴含的革命思想结合在一起，将未来世界塑造为太平大同之世的梦想就开始施展迷人的魅力了。这是人力可为的梦想，世人确实为此奋斗了千百年。田立克写道：“当世是过去的必然结果，但绝非未来的预言。中国作品中对过去的记载细致入微，但从不记述对未来的展望。”还是那句话，欧洲人对中国文化知之甚少的时候最好不要妄下结论。中国文化关注世界未来，几乎像期待救世主一样狂热；它时常取得进展，遵循自己的轨迹前进；它的时间观念当然是线性的——所有这些从殷商时代开始自然而然、独立自主地蕴育成形，已历千年。尽管中国人对宇宙循环和尘世轮回也有大量发现和想象，但在儒家学者和道家农夫心中还是以线性时间观念最有分量。

中国文化总体而言更具伊朗文化、犹太—基督教文化的特色，印度—希腊文化特色反居其次，在那些满脑子“不朽的东方”的人看来似乎太不可思议了。于是心头涌起这样的结论：尽管文艺复兴之前的一千五百年里中国文化远远超越了西欧文明，但她却未能像西欧一样自然而然地蕴育出近代自然科学；但即使如此，它与中国人的时间观念也毫不相关。除了已为人所知的能予以解释的具体地理、社会和经济因素之外，还有其他意识形态方面的因素有待彻底研究。

【注释】

1 王阳明（1472-1529 年），明代官员，中国最伟大的唯心主义哲学家。

2 伽利略（1564-1642），意大利天文学家和物理学家，他致力于重力试验，并支持哥白尼的日心说，被称为“科学革命之父”。

3 欧几里得，公元前 3 世纪的希腊数学家，他的研究包括演绎几何学，奠定了西方数学的部分基础。

4 宿沙、奚仲、皋陶、公输般和隶首，都是传说中文化之集大成者。

5 罗颀，15 世纪的考古学家。

6 沃尔塞（1821-1885 年），丹麦考古学家，曾著书述说斯堪的那维亚的早期历史。

7 卢克莱修，生于公元前 99 年左右，死于公元前 55 年，罗马诗人，在其诗作《物性论》中支持希腊学者伊壁鸠鲁（Epicurus）的哲学思想和原子论。

8 袁康，公元 1 世纪的史学家。

9 轩辕氏，即神话中的黄帝。

10 神农氏，神话中的人物，以指导百姓农业技术而著称。

11 桥本敬造，日本科学史家，著作涉及天文历法、早期机械和郑和宝船。

12 伯里（1861-1927），剑桥大学历史学教授，1920 年著有《发展的概念》（*The Idea of Progress*）一书。

13 弗朗西斯·培根（1561-1626），哲学家、散文作家。

14 埃德加·齐尔塞尔，美国历史学家，研究科学及其方法论和哲学内涵。

15 尼科洛·塔尔塔利亚（1500-1557），意大利炮手，他发现炮口仰角为 45° 时射程最远。他还致力于军事技术的其他方面和数学方面的研究。

16 罗伯特·诺曼，英国技师，早年是位海员，着手研究航海罗盘。他在 1581 年著有一部有关天然磁石的著作《新吸引力》（*The New Attractive*）。

17 马梯阿斯·劳立沙，15 世纪的奥地利建筑师。

18 郭守敬（1231-1316），杰出天文学家，官员，精通水利与历法。

19 爱德华·伯纳德，17 世纪的英国作家。

20 孔融（153-208），曾做官，著有《孔北海集》。

21 桓谭（前 40-25），著有《新论》，批评君王崇信谶纬。

22 刘焯（554-610），隋朝官员，在天文学研究中创立二次差内插法计算公式。

23 毕达哥拉斯，公元前 6 世纪的希腊思想家，建立了自己的哲学流派，研究数字、和谐和天体秩序问题，有一条几何定理即以他的名字命名。

24 马可·奥勒留，斯多葛派主要代表人物，罗马皇帝，生于 121 年，卒于 180 年，著有《沉思录》（*Meditations*）十二卷，宣扬以宁静心态面对命运。

25 《罗摩衍那》，印度古代两大梵文史诗之一，相传成于公元前 5 世纪。

26 《摩诃婆罗多》，另一部伟大的印度梵文史诗。

27 《本生经》，音译为《阇多伽》，叙述佛陀前生的功德故事。

28 希罗多德（前 480-425），希腊历史学家、地理学家。

29 修昔底德（前 460-400），希腊历史学家。

30 田立克，美籍德裔新教神学家、哲学家。

31 多纳图派，311 年北非兴起的基督教派别，具有社会主义特色。

32 胡斯派，波西米亚牧师、基督教社会主义者约翰·胡斯（John Hus）的追随者，胡斯生于 1373 年，1415 年在康斯坦茨被当作异教徒受火刑而死。

33 约瑟夫·格兰维尔（1636—1680），抨击经院哲学的英国思想家。

34 亚历山大的克雷芒，活跃于 150 至 215 年，教会神父，以利用希腊文化与哲学阐释基督教义而著称。

35 米纽修斯·费里克斯，2 世纪或 3 世纪的非洲神学家。

36 阿诺比乌，约生活于 330 年，非洲基督教护教者。

37 卜德，宾夕法尼亚大学荣休汉语教授，我们的合作者之一，出于理性和社会责任感加入了《中国科学技术史》的编纂工作。

附录　中国历朝历代一览表

夏（据神话记载）		公元前 2000—前 1520 年
商（殷）		公元前 1520—前 1030 年
周	周朝早期	公元前 1030—前 722 年
	春秋	公元前 722—前 480 年
	战国	公元前 480—前 221 年

首次统一

秦		公元前 221—前 207 年
汉	西汉	公元前 202—公元 9 年
	王莽新朝	公元 9—23 年
	东汉	公元 25—220 年

首次割据

三国鼎立		公元 220—280 年
	蜀（汉）	公元 221—263 年

魏	公元 220—265 年
吴	公元 222—280 年

第二次统一

晋	西晋	公元 265—317 年
	东晋	公元 317—420 年
刘宋		公元 420—479 年

第二次割据

南北朝时期

齐		公元 479—502 年
梁		公元 502—557 年
陈		公元 557—589 年
魏	北魏	公元 386—535 年
	西魏	公元 535—556 年
	东魏	公元 534—550 年
北齐		公元 550—577 年
北周		公元 557—581 年

第三次统一

隋	公元 581—618 年
唐	公元 618—907 年

第三次割据

五代（后梁、后唐、后晋、后汉、后周）	公元 907—960 年
辽	公元 907—1124 年
西辽	公元 1124—1211 年
西夏	公元 1038—1227 年

第四次统一

宋	北宋	公元 960—1127 年
	南宋	公元 1127—1279 年
	金	公元 1115—1234 年
	元	公元 1260—1368 年
	明	公元 1368—1644 年
	清	公元 1616—1911 年
	民国	公元 1912—1949 年